Gerhard Funk

Quadratische Gleichungen und Funktionen verstehen und anwenden

MANZ VERLAG

2., korrigierte Auflage 2000
Manz Verlag
© Ernst Klett Verlag GmbH, Stuttgart 1999
Alle Rechte vorbehalten
Lektorat: Konrad Böheim, Ergolding
Umschlaggestaltung: Zembsch' Werkstatt, München
Satz: Hahn Medien GmbH, Kornwestheim
Druck: Druckhaus Beltz, Hembsbach
Printed in Germany

ISBN 3-7863-3082-4

Vorwort

Liebe Leserin, lieber Leser,

dieses Buch ist eine Hilfe zur Bewältigung der Themen „rund um die quadratischen Gleichungen". Nach einer Wiederholung der Potenzgesetze werden die binomischen Formeln ausführlich aufbereitet, um dann die quadratischen Gleichungen, Funktionen und Ungleichungen zu behandeln. Es folgen danach einige interessante Beispiele und Aufgaben zur Anwendung dieses Stoffs.

Das Buch ist, wie folgt, aufgebaut:
- Theoretischer Teil,
  Hier sind genügend durchgerechnete Beispiele, die dem Leser bei der Lösung der folgenden Aufgaben helfen.
- Aufgaben.
- Lösungen mit Lösungsweg im Anhang.

Arbeiten Sie den „theoretischen Teil" ganz genau durch, um das erforderliche Wissen vollständig zu verstehen. Wenden Sie dieses Wissen bei den Beispielen gleich an, indem Sie versuchen, die Beispielaufgabe selbstständig zu lösen. Rechnen Sie die Beispielaufgabe auf einem Blatt vollständig aus. Vergleichen Sie Ihren Lösungsweg mit dem im Buch. So können Sie feststellen, ob und – wenn ja – wo Ihr Lösungsweg von dem vorgerechneten Beispiel abweicht.

Auf diese Weise können Sie gezielt noch eventuell vorhandene „Schwachstellen" erkennen und dann auch beheben. Sie werden sehen, dass Ihnen dies beim Lösen der folgenden Aufgaben sehr helfen wird. Auch ist es für den Lernerfolg sehr nützlich und hilfreich, wenn Sie sich nach Ihren individuellen Bedürfnissen wichtige Stellen im Buch markieren bzw. auch Querverweise zu anderen Kapitel einbringen. Verwenden Sie diese Lernhilfe ruhig als „Arbeitsbuch", indem Sie für sich selbst Anmerkungen und weitere Hinweise einfügen.

Sollten Sie beim Lösen der Aufgaben, die sich in dem „Theoretischen Teil" anschließen, trotzdem noch Schwierigkeiten haben, geben Sie nicht sofort auf. Sehen Sie erst nach einigen Versuchen in den Lösungen am Ende des Buches nach.

Sie werden beim Durcharbeiten dieses Buches erkennen, dass die Aufgaben von leicht nach schwer steigen und einige Aufgaben von gehobenem Schwierigkeitsgrad sind. Dies ist auch beabsichtigt, denn Sie sollen auf Prüfungen oder Klassenarbeiten gut vorbereitet sein. Es ist eine Erfahrungstatsache, dass einfache Aufgaben die Leserin/den Leser zu der Ansicht verführen, den Stoff verstanden zu haben, und dann in einer Prüfungssituation eine sehr unangenehme Überraschung erleben. Dies will ich verhindern.

Viel Spaß und Erfolg beim Bearbeiten!

Der Verfasser

Inhaltsverzeichnis

1 Potenzgesetze 6
        Aufgaben: Potenzgesetze 9

2 Binomische Formeln
2.1   Binomische Formeln 11
2.2   Formel für drei Summanden 17
2.3   Aufgaben: Binomische Formeln (Teil I) 19
2.4   Zurückführen der binomischen Formeln 21
2.5   Aufgaben: Binomische Formeln (Teil II) 27
2.6   Zerlegung der Summe $x^2 + bx + c$ in ihre Faktoren 29
2.7   Aufgaben: Faktorenzerlegung 34

3 Die Quadratwurzel 35
        Aufgaben: Quadratwurzel 38

4 Die quadratische Gleichung
4.1   Spezialfall: $ax^2 = 0 \quad \wedge \quad a \neq 0$ 40
4.2   Spezialfall: $ax^2 + c = 0 \quad \wedge \quad a \neq 0$ 40
4.3   Spezialfall: $ax^2 + bx = 0 \quad \wedge \quad a \neq 0$ 41
4.4   Spezialfall: $x^2 + bx + c = 0$ 42
4.5   Der allgemeine Fall $ax^2 + bx + c = 0 \quad \wedge \quad a \neq 0$ 43

5 Weiteres zu quadratischen Gleichungen
5.1   Zusammenfassung 50
5.2   Weitere Beispiele zur quadratischen Gleichung 51
5.3   Die reduzierte Form 53
5.4   Die quadratische Gleichung mit einer Formvariablen 55
5.5   Der Satz von Vieta 56
5.6   Aufgaben: Quadratische Gleichung 57

6 Die Gleichungen 3. und 4. Grades 59
        Aufgaben: Gleichungen 3. und 4. Grades 61

7 Die Quadratfunktion
7.1   Was ist eine Funktion ? 62
7.2   Die Quadratfunktion 63
7.3   Überblick Quadratfunktion 70
7.4   Beispiele zur Bestimmung des Scheitelpunkts 71
7.5   Zusammenfassung Quadratfunktion 75

8 Die Bedeutung der Scheitelpunktsform ... 76
Aufgaben: Die Quadratfunktion (Teil 1) ... 78

9 Anwendungen der Quadratfunktion
9.1   Spiegelung der Quadratfunktion ... 81
9.2   Schnitt zweier Quadratfunktionen ... 83
9.3   Schnitt einer Quadratfunktion mit einer Geraden ... 84
9.4   Die Nullstellen der Quadratfunktion ... 85
9.5   Aufgaben: Die Quadratfunktion (Teil 2) ... 89

10 Die quadratische Ungleichung
10.1   Vorbemerkungen ... 91
10.2   Die quadratische Ungleichung ... 92
10.3   Aufgaben: Die quadratische Ungleichung ... 96

Lösungen
Lösungen Potenzgesetze ... 97
Lösungen Binomische Formeln Teil I ... 98
Lösungen Binomische Formeln Teil II ... 100
Lösungen Faktorenzerlegung ... 102
Lösungen Quadratwurzel ... 103
Lösungen Quadratische Gleichungen ... 104
Lösungen Weiteres zu quadratischen Gleichungen ... 106
Lösungen Quadratische Gleichungen (5.7) ... 108
Lösungen Gleichungen 3. und 4. Grades ... 113
Lösungen Die Quadratfunktion Teil 1 ... 115
Lösungen Die Quadratfunktion Teil 2 ... 121
Lösungen Die quadratische Ungleichung ... 124

Sachregister ... 127

1 Potenzgesetze

Es gelte:
$a; b \in R \setminus \{o\}$ sowie $m; n; k \in R$ | *R ist die Menge der reellen Zahlen.*

 Bemerkung

Je nach Kenntnisstand des Lesers darf von der oben genannten Menge *R* die entsprechende Teilmenge *N bzw. Z bzw. Q* verwendet werden. Denn es gilt: $N \subset Z \subset Q \subset R$
Dabei ist:
N   die Menge der natürlichen Zahlen,
Z   die Menge der ganzen Zahlen,
Q   die Menge der rationalen Zahlen,
R   die Menge der reellen Zahlen.

Bezeichnungen

a^m wird Potenz genannt
a wird Basis genannt
m wird Exponent genannt

Definition:
$$a^m = \underbrace{a \cdot a \cdot a \cdot a \cdot\ \cdots\ \cdot a}_{m \ Faktoren}$$

Beispiel

$5^3 = \underbrace{5 \cdot 5 \cdot 5}_{3 \ Faktoren}$

1. Potenzgesetz (gleiche Basen)
$$a^m \cdot a^n = a^{m+n}$$

Potenzen mit gleicher Basis werden multipliziert, in dem man zuerst die Exponenten addiert und dann die Basis damit potenziert.

Beispiel

$6^6 \cdot 6^3 = 6^{6+3} = 6^9$

Potenzgesetze

2. Potenzgesetz (gleiche Basen)

$$a^m : a^n = a^{m-n} \quad \text{für} \quad a \neq 0$$

Potenzen mit gleicher Basis werden dividiert, in dem man die Exponenten subtrahiert und dann die Basis damit potenziert.

Beispiel

$5^6 : 5^2 = 5^{6-2} = 5^4$

Spezialfälle

$$a^0 = 1 \quad \text{für } a \neq 0 \quad \text{und} \quad a^1 = a$$

Denn es gilt: $a^0 = a^{m-m} = \dfrac{a^m}{a^m} = 1 \quad \text{für} \quad a \neq 0$

Beispiel

$30^0 = 1$
$15^1 = 15$

3. Potenzgesetz

$$a^{-m} = \dfrac{1}{a^m} \quad \text{für} \quad a \neq 0$$

Denn es gilt: $a^{-m} = a^{0-m} = \dfrac{a^0}{a^m} = \dfrac{1}{a^m}$

Das Vorzeichen des Exponenten ändert sich, wenn man den Kehrwert der Potenz bildet.

Beispiel

$5^{-2} = \dfrac{1}{5^2}$

4. Potenzgesetz (gleiche Exponenten)

$$(a \cdot b)^n = a^n \cdot b^n$$

Ein Produkt wird potenziert, in dem man die beiden Faktoren zuerst potenziert und dann die Potenzen multipliziert.

Beispiel

$(5m)^2 = 5^2 m^2 = 25 m^2$

1 Potenzgesetze

5. Potenzgesetz (gleiche Exponenten)

$$\left(\frac{a}{b}\right)^n = \frac{a^n}{b^n} \quad \text{für} \quad b \neq 0$$

Ein Quotient wird potenziert, in dem man zuerst den Dividend und den Divisor potenziert und dann den Quotienten daraus bildet.

Beispiel

$$\left(\frac{5}{3}\right)^2 = \frac{5^2}{3^2} = \frac{25}{9}$$

6. Potenzgesetz

$$(a^m)^k = a^{m \cdot k}$$

Bei der Potenz einer Potenz werden die Exponenten multipliziert.

Beispiel

$(2^3)^2 = 2^{3 \cdot 2} = 2^6 = 64$

Beispiel

Hinweis: Beachten Sie hierzu immer den folgenden Unterschied:

$$(a^m)^k \neq a^{m^k} \quad \text{denn: } (2^4)^3 = 2^{12} \neq 2^{4^3} = 2^{64}$$

Oft wird auch das 1. Potenzgesetz mit dem 6. Potenzgesetz verwechselt.

1. Potenzgesetz
$5^2 \cdot 5^7 = 5^{2+7} = 5^9$

$\neq$

6. Potenzgesetz
$(5^2)^7 = 5^{2 \cdot 7} = 5^{14}$

Für die später folgenden binomischen Formeln ist der folgende Spezialfall sehr wichtig:

Spezialfall:

Wir wollen die Potenz a^m mit $m \in \{\ldots; -6; -4; -2; 2; 4; 6; \ldots\}$ in zwei gleiche Faktoren zerlegen, dann erhalten wir die beiden gleichen Faktoren $a^{\frac{m}{2}}$, denn es gilt:

$a^{\frac{m}{2}} \cdot a^{\frac{m}{2}} = a^{\frac{m}{2} + \frac{m}{2}} = a^m$

Halbiert man den Exponenten einer Potenz, dann hat man das Produkt der Potenz in zwei gleiche Faktoren zerlegt.

Beispiel

$a^{36} = a^{18} \cdot a^{18}$

Hinweis: Auch hier darf man das 1. Potenzgesetz (Multiplikation von zwei Potenzen mit gleichen Basen) nicht mit dem 6. Potenzgesetz (Potenz einer Potenz) verwechseln!

Spezialfälle

$0^k = 0 \quad \text{für} \quad k \neq 0$
$(-1)^{2n} = 1 \quad \text{mit} \quad n \in \mathbb{N}$

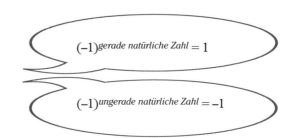

$(-1)^{2n-1} = -1 \quad \text{mit} \quad n \in \mathbb{N}$

Aufgaben: Potenzgesetze

1. a) $0{,}1^2$ b) $0{,}2^2$
   c) $0{,}3^2$ d) $0{,}4^2$

2. a) $0{,}1^3$ b) $0{,}2^3$
   c) $0{,}3^3$ d) $0{,}4^3$
   e) $0{,}5^3$ f) $1{,}1^3$

3. a) $(-2)^2$ b) $(-2)^3$
   c) -2^4 d) $(-1)^{100}$
   e) $(-1)^{101}$

> Haben Sie die Auswirkung der geraden bzw. der ungeraden Exponenten bemerkt? Beachten Sie unbedingt auch die Wirkung der Klammern!

4. a) $a^{20} \cdot a$ b) $a^k \cdot a \quad \text{mit} \quad a \neq 0$
   c) $a^2 \cdot a^3$ d) $a^{20} \cdot a^3$

5. a) $a^2 + a^3$ b) $a^2 \cdot a^3$
   c) $a^3 + a^3$ d) $a^3 \cdot a^3$
   e) $a^{10} : a^2 \quad \text{für } a \neq 0$ f) $a^{10} - a^2$
   g) $a^5 : a^5 \quad \text{für } a \neq 0$ h) $a^5 - a^5$

> Haben Sie beim Berechnen der Aufgabe 5 die Unterschiede zwischen Addition bzw. Subtraktion und Multiplikation bzw. Division beachtet?

6. a) $a^2 \cdot a^4$ b) $(a^2)^4$

> Vergleichen Sie diese beiden Aufgabenstellungen!

7. a) $5^0 + a^0 \quad \text{für} \quad a \neq 0$
   b) $(5+a)^0 \quad \text{für} \quad a \neq -5$

8. a) $(3x)^2$ b) $(3x^4)^4$
   c) $(5x^3)^2 \cdot (3x^5)^4$

1 Potenzgesetze

9. a) $\dfrac{2^2}{3}$ b) $\dfrac{2^2}{3^2}$

c) $\dfrac{2}{3^2}$ d) $\left(\dfrac{2}{3}\right)^2$

e) $\left(-\dfrac{2}{3}\right)^2$ f) $\left(-\dfrac{2}{3}\right)^3$

> Haben Sie die kleinen, aber sehr wichtigen Unterschiede in der Aufgabe 9 bemerkt?

10. $\left(\dfrac{5}{4} \cdot x^4\right)^2$

11. a) $5 \cdot (3x)^2$ b) $\left(3\dfrac{1}{4}\right)^2$

c) $\left(3 \cdot \dfrac{1}{4}\right)^2$ d) $\left(3 + \dfrac{1}{4}\right)^2$

> Was fällt Ihnen bei Aufgabe 11 b–d auf?

12. $x^5 \cdot \dfrac{1}{x^2}$ für $x \neq 0$

13. a) $2 \cdot \left(\dfrac{30}{x^6}\right) \cdot \left(\dfrac{x^{10}}{6}\right)$ für $x \neq 0$

b) $2 \cdot \left[\left(\dfrac{30}{x^6}\right) \cdot \left(\dfrac{x^{10}}{6}\right)\right]$ für $x \neq 0$

c) $2 \cdot \left[\left(\dfrac{30}{x^6}\right) + \left(\dfrac{x^{10}}{6}\right)\right]$ für $x \neq 0$

> Vergleichen Sie die Einzelergebnisse der Aufgabe 13!

14. $10^{20} + 10^{20}$

15. $5 \cdot 10^{30} + 10^{30}$

16. $1{,}5 \cdot 10^{30} + 2 \cdot 10^{31}$

> Versuchen Sie bei Aufgabe 16 durch „geschicktes Umformen" eine Addition!

2 Binomische Formeln

2.1 Formeln und ihre Anwendungen

Es gelten folgende wichtige (binomische) Formeln:

> **1. Binomische Formel:**
> $$(a+b)^2 = a^2 + 2ab + b^2$$

Diese Formel besteht aus 2 gleichen Faktoren.

> **2. Binomische Formel:**
> $$(a-b)^2 = a^2 - 2ab + b^2$$

Auch diese Formel besteht aus zwei gleichen Faktoren.

> **3. Binomische Formel:**
> $$(a+b) \cdot (a-b) = a^2 - b^2$$

Hier sind die beiden Faktoren verschieden.

Hinweis:
Beachten Sie bei der 1. und der 2. Binomischen Formel, dass „2ab" das doppelte Produkt aus a und b ist!

Zum Beweis der 1. Binomischen Formel multiplizieren wir einfach die Klammern aus:

$(a+b)^2 = (a+b) \cdot (a+b)$
$\Leftrightarrow (a+b) \cdot (a+b) = a^2 + ab + ab + b^2$
$\Leftrightarrow a^2 + 2ab + b^2 = (a+b)^2$

Zum Beweis der 2. Binomischen Formel multiplizieren wir die Klammern ebenfalls aus:

$(a-b)^2 = (a-b) \cdot (a-b)$
$\Leftrightarrow (a-b) \cdot (a-b) = a^2 - ab - ab + b^2$
$\Leftrightarrow a^2 - 2ab + b^2 = (a-b)^2$

Auch bei der 3. Formel führen wir zum Beweis die Multiplikation der Klammern aus:

$(a+b) \cdot (a-b)$
$\Leftrightarrow (a+b) \cdot (a-b) = a^2 - ab + ab - b^2$
$\Leftrightarrow a^2 - b^2 = (a+b) \cdot (a-b)$

2 Binomische Formeln

In den folgenden Beispielen wird die Anwendung der obigen Formeln gezeigt.

Beispiel zur 1. Binomischen Formel

$$(a+b)^2 = a^2 + 2 \cdot ab + b^2$$

Wir wollen $(x+14)^2$ nach der obigen Formel $(a+b)^2 = a^2 + 2 \cdot ab + b^2$ berechnen. Dann gilt für unser Beispiel:

Statt a setzen wir x. Statt b setzen wir 14.

Wir erhalten dann:

$(a+b)^2 = a^2 + 2ab + b^2$

$\updownarrow \quad = \quad \updownarrow \quad \updownarrow \quad \updownarrow$

$(x+14)^2 = x^2 + 2 \cdot x \cdot 14 + 14^2 \Rightarrow (x+14)^2 = x^2 + 28x + 196$

Hinweis:
Wir haben gesehen, dass statt a irgend eine Zahl oder eine Formvariable stehen kann. Das oben Gezeigte gilt dann für die folgenden Ausführungen völlig analog.

Beispiel zur 2. Binomischen Formel

$$(a-b)^2 = a^2 - 2 \cdot ab + b^2$$

Wir wollen $(x-14)^2$ nach der obigen Formel $(a-b)^2 = a^2 - 2 \cdot ab + b^2$ berechnen. Dann gilt für dieses Beispiel: Statt a setzen wir x. Statt b setzen wir 14. Wir erhalten dann:

$(a-b)^2 = a^2 - 2ab + b^2$

$\updownarrow \quad = \quad \updownarrow \quad \updownarrow \quad \updownarrow$

$(x-14)^2 = x^2 - 2 \cdot x \cdot 14 + 14^2 \Rightarrow (x-14)^2 = x^2 - 28x + 196$

Beispiel zur 3. Binomischen Formel

$$(a+b) \cdot (a-b) = a^2 - b^2$$

Wir wollen $(x+14) \cdot (x-14)$ nach der obigen Formel $(a+b) \cdot (a-b) = a^2 - b^2$ berechnen. Dann gilt für unser 3. Beispiel: Statt a setzen wir hier ebenfalls x. Statt b hier 14. Wir erhalten dann:

$(a+b) \cdot (a-b) = a^2 - b^2$

$\updownarrow \quad \updownarrow \quad \updownarrow \quad \updownarrow$

$(x+14) \cdot (x-14) = x^2 - 14^2 \Rightarrow (x+14) \cdot (x-14) = x^2 - 196$

Binomische Formeln und ihre Anwendungen

Hinweis:
Beachten Sie bei den folgenden Beispielen auch die Potenzgesetze!

Weitere Beispiele

Beispiel 1
Beachten Sie: Statt a setzen wir 3x, statt b hier 5y.

$$(3x - 5y)^2 = (3x)^2 - 2 \cdot (3x) \cdot (5y) + (5y)^2$$
$$\Rightarrow (3x - 5y)^2 = 9x^2 - 30xy + 25y^2$$

Hinweis:
$(3x)^2 = 3^2 x^2 = 9x^2 \qquad (5y)^2 = 5^2 y^2 = 25y^2$

Beispiel 2
Beachten Sie: Statt a setzen wir $\frac{9}{11} \cdot x$, statt b hier $\frac{11}{2}$.

$$\left(\frac{9}{11} \cdot x + \frac{11}{2}\right)^2 = \left(\frac{9}{11} \cdot x\right)^2 + 2 \cdot \left(\frac{9}{11} \cdot x\right) \cdot \left(\frac{11}{2}\right) + \left(\frac{11}{2}\right)^2$$
$$\Rightarrow \left(\frac{9}{11} \cdot x + \frac{11}{2}\right)^2 = \frac{81}{121} \cdot x^2 + 9x + \frac{121}{4}$$

Hinweis:
$\left(\frac{9}{11} \cdot x\right)^2 = \frac{9^2}{11^2} \cdot x^2 = \frac{81}{121} \cdot x^2 \qquad \left(\frac{11}{2}\right)^2 = \frac{11^2}{2^2} = \frac{121}{4}$

Beispiel 3
Beachten Sie: Statt a setzen wir x^7, statt b nun $3x^5$.

$$(x^7 + 3x^5)^2 = (x^7)^2 + 2 \cdot (x^7) \cdot (3x^5) + (3x^5)^2$$
$$\Rightarrow (x^7 + 3x^5)^2 = x^{14} + 6x^{12} + 9x^{10}$$

Hinweis:
$(x^7)^2 = x^{7 \cdot 2} = x^{14} \qquad 2 \cdot (x^7) \cdot (3x^5) = 6x^{7+5} = 6x^{12} \qquad (3x^5)^2 = 3^2 (x^5)^2 = 9x^{5 \cdot 2} = 9x^{10}$

Beispiel 4
Beachten Sie: Statt a setzen wir 5x, statt b nun 13y.

$$(5x + 13y) \cdot (5x - 13y) = (5x)^2 - (13y)^2$$
$$\Rightarrow (5x + 13y) \cdot (5x - 13y) = 25x^2 - 169y^2$$

Da hier zwei verschiedene Faktoren vorhanden sind, liegt somit die 3. Binomische Formel vor.

2 Binomische Formeln

Beispiel 5
$(2x - 15) \cdot (2x - 15)$

Hier sind zwei gleiche Faktoren vorhanden. Also liegt die 2. Binomische Formel vor. Wir können dann schreiben:

$$(2x - 15) \cdot (2x - 15) = (2x - 15)^2$$
$$\Rightarrow (2x - 15)^2 = 4x^2 - 60x + 225$$

Beispiel 6
$$\left(\frac{1}{a} + 5b\right) \cdot \left(\frac{1}{a} - 5b\right) \quad \text{für} \quad a \neq 0$$

 Vorsicht:
Hier sind zwei verschiedene Faktoren vorhanden. Somit liegt die 3. Binomische Formel vor.
Es gilt dann:

$$\left(\frac{1}{a} + 5b\right) \cdot \left(\frac{1}{a} - 5b\right) = \frac{1}{a^2} - 25b^2$$

Beispiel 7
$(x - 14) \cdot (x + 14) \cdot (x^2 + 196)$

Dieses Beispiel besteht aus drei unterschiedlichen Faktoren. Die ersten beiden Faktoren stellen die 3. Binomische Formel dar. Wir berechnen also zuerst das Produkt der ersten beiden Faktoren.

$(x^2 - 196) \cdot (x^2 + 196)$

Wir stellen fest, dass wir wieder die 3. Binomische Formel anwenden können, und erhalten dann:

$(x^2 - 196) \cdot (x^2 + 196) = x^4 - 38416$

Beispiel 8
$[x + 2y + 3] \cdot [x - 2y - 3]$

Nun bestehen die beiden Faktoren aus jeweils drei Summanden. Aber durch die folgende geschickte Umwandlung können wir schreiben:

$[x + (2y + 3)] \cdot [x - (2y + 3)]$

Es liegt nun wieder die 3. Binomische Formel vor. Statt a setzen wir x, statt b haben wir den Klammerausdruck 2y + 3. Wir erhalten dann:

Binomische Formeln und ihre Anwendungen

$$[x + (2y+3)] \cdot [x - (2y+3)] = x^2 - (2y+3)^2$$
$$\Rightarrow [x + (2y+3)] \cdot [x - (2y+3)] = x^2 - (4y^2 + 12y + 9)$$
$$\Rightarrow [x + (2y+3)] \cdot [x - (2y+3)] = x^2 - 4y^2 - 12y - 9$$

Wie leicht zu erkennen ist, liegt hier eine „Verschachtelung" der 3. und der 1. Binomischen Formel vor.

Beim folgenden Beispiel greifen wir auf die Grundkenntnisse bei der Bruchrechnung zurück.

Beispiel 9
Wir wollen das Quadrat von $\left(5\frac{2}{3}\right)^2$ ausrechnen.

Zur Vereinfachung der Rechnung wird dringend empfohlen, diese in einen gemischten Bruch sofort wie folgt umzuformen:

$$\left(5\frac{2}{3}\right)^2 = \left(\frac{17}{3}\right)^2 \Rightarrow \left(5\frac{2}{3}\right)^2 = \frac{289}{9}$$

Mittels Anwendung der 1. Binomischen Formel $(a+b)^2 = a^2 + 2ab + b^2$ kann man diese Aufgabe allerdings auch folgendermaßen berechnen: (Wenig hilfreich!)

$$\left(5\frac{2}{3}\right)^2 = \left(5 + \frac{2}{3}\right)^2 = 5^2 + 2 \cdot 5 \cdot \frac{2}{3} + \frac{4}{9} = 25 + \frac{20}{3} + \frac{4}{9} = \frac{289}{9}$$

Sie sehen selbst, dass dies nicht immer eine Vereinfachung darstellt.

Beispiel 10
Zum Vergleich berechnen wir nun:

$$\left(5 \cdot \frac{2}{3}\right)^2 = 25 \cdot \frac{4}{9} = \frac{100}{9} \quad \text{oder} \quad \left(5 \cdot \frac{2}{3}\right)^2 = \left(\frac{10}{3}\right)^2 = \frac{100}{9}$$

Im Folgenden werden wir einige weitere Beispiele behandeln, die anfangs anders als die üblichen Binomischen Formeln aussehen. Durch geschicktes Umformen bzw. durch Anwenden der bekannten Rechengesetze führen wir diese Beispiele auf die allgemein bekannten Formeln zurück.

Beispiel 11
$$(b-a)^2 = b^2 - 2ab + a^2$$
und $(a-b)^2 = a^2 - 2ab + b^2 \Rightarrow$

$$(a-b)^2 = (b-a)^2$$

2 Binomische Formeln

Diese Erkenntnis verblüfft im ersten Moment. Sie ist aber beim Berechnen von kompliziert aussehenden Ausdrücken oft sehr hilfreich.

Beispiel 12
$5 \cdot (x - 0{,}1) \cdot (x + 0{,}1)$

Wir berechnen zuerst die beiden Klammern mittels der 3. Binomischen Formel und erhalten dann:

$$5 \cdot (x - 0{,}1) \cdot (x + 0{,}1) = 5 \cdot [(x - 0{,}1) \cdot (x + 0{,}1)]$$
$$\Rightarrow 5 \cdot (x^2 - 0{,}01) = 5x^2 - 0{,}05$$

Haben Sie beim Quadrieren von 0,1 auf die „Verschiebung" des Kommas geachtet

Beispiel 13
$(5x - 0{,}5) \cdot (5x + 0{,}5) = 25x^2 - 0{,}25$

Können Sie sofort den Unterschied zwischen den Beispielen 12 und 13 erkennen?

Beispiel 14
Wir erinnern an die Potenzgesetze aus dem vorigen Kapitel: $(a \cdot b)^n = a^n \cdot b^n$

$$(-a - b)^2 = [(-1) \cdot (a + b)]^2$$
$$\Rightarrow [(-1) \cdot (a + b)]^2 = (-1)^2 \cdot (a + b)^2 \Rightarrow$$

$$(-a - b)^2 = (a + b)^2$$

Hinweis:
Bei der Berechnung des doppelten Produkts 2ab wird des Öfteren das Assoziativgesetz mit dem Distributivgesetz verwechselt:
$a \cdot (b \cdot c) = (a \cdot b) \cdot c = a \cdot b \cdot c$ dagegen $a \cdot (b + c) = a \cdot b + a \cdot c$!

Hinweis:
Beachten Sie, dass ein Bruch Klammerwirkung besitzt.
Es gelte: $x \neq -3$

$$\frac{5}{x+3} - \frac{8+x}{x+3} \Leftrightarrow \frac{5}{x+3} - \left(\frac{8+x}{x+3}\right) = \frac{5 - 8 - x}{x+3} = \frac{-x-3}{x+3} \Leftrightarrow -\left(\frac{x+3}{x+3}\right) = -1$$

2.2 Formel für drei Summanden

Bisher hatten wir bei den Binomischen Formeln immer nur zwei Summanden in den Faktoren. Die Faktoren können aber auch drei Summanden enthalten.

$$(a+b+c)^2 = a^2 + b^2 + c^2 + 2ab + 2ac + 2bc$$

Die erste Möglichkeit, diese Formel zu beweisen, besteht im einfachen Ausmultiplizieren der Klammern $(a+b+c) \cdot (a+b+c)$. Diese einfache Übung ist der Leserin/dem Leser überlassen.

Hier einige „elegantere" Möglichkeit für die Beweisführung:
Wir formen $(a+b+c)^2$ wie folgt um und wenden die 1. Binomische Formel an.

$$(a+b+c)^2 = [(a+b)+c]^2$$
$$\Rightarrow [(a+b)+c]^2 = (a+b)^2 + 2 \cdot (a+b) \cdot c + c^2$$
$$\Rightarrow (a+b+c)^2 = a^2 + 2ab + b^2 + 2ac + 2bc + c^2$$
$$\Rightarrow (a+b+c)^2 = a^2 + b^2 + c^2 + 2ab + 2ac + 2bc$$

Sie haben sicher festgestellt, dass hier das Assoziativgesetz der Addition angewendet wurde:
$a + (b+c) = (a+b) + c = a + b + c$

Hinweis:
Natürlich hätte man auch so umformen $(a+b+c)^2 = [a+(b+c)]^2$ und dann die Binomische Formel anwenden können. Diese einfache Herleitung sei der Leserin/dem Leser überlassen.

Es sei darauf hingewiesen, das bei den folgenden Beispielen der Leser die Vorzeichen beachten sollte. Damit ist aber *nicht* Auswendig lernen gemeint.

Merkregel zu der Formel

$$(a+b+c)^2 = a^2 + b^2 + c^2 + 2ab + 2ac + 2bc$$

1. Wir berechnen zuerst die Quadrate von a, b bzw. c und addieren diese, das heißt, wir bilden die Summe: $a^2 + b^2 + c^2$.

2. Dann bilden wir alle doppelten Produkte und addieren diese zu $a^2 + b^2 + c^2$:

$(a+b+c)^2$
$\qquad\qquad 2ab$
$\qquad\qquad 2ac$
$\qquad\qquad 2bc$

Dann erhalten wir: $(a+b+c)^2 = a^2 + b^2 + c^2 + 2ab + 2ac + 2bc$

2 Binomische Formeln

Beispiele zur obigen Formel

1. Beispiel: $(5x + 3y + 8)^2$

Statt a steht hier 5x, statt b nun 3y und statt c die 8.

$(a + b + c)^2 = a^2 + b^2 + c^2 + 2ab + 2ac + 2bc$

$(5x + 3y + 8)^2 = (5x)^2 + (3y)^2 + 8^2 + 2 \cdot (5x) \cdot 3y + 2 \cdot (5x) \cdot 8 + 2 \cdot (3y) \cdot 8$

$(5x + 3y + 8)^2 = 25x^2 + 9y^2 + 64 + 30xy + 80x + 48y$

2. Beispiel: $(5x - 3y - 8)^2$

Statt a steht hier 5x, statt b nun $-3y$ und statt c die -8.

$(a + b + c)^2 = a^2 + b^2 + c^2 + 2ab + 2ac + 2bc$

$(5x - 3y - 8)^2 = (5x)^2 + (-3y)^2 + (-8)^2 + 2 \cdot (5x) \cdot (-3y) + 2 \cdot (5x) \cdot (-8) + 2 \cdot (-3y) \cdot (-8)$

$(5x - 3y - 8)^2 = 25x^2 + 9y^2 + 64 - 30xy - 80x + 48y$

3. Beispiel: $(5x - 3y + 8)^2$

Statt a steht hier nun 5x, statt b jetzt $-3y$ und statt c wieder 8.

$(a + b + c)^2 = a^2 + b^2 + c^2 + 2ab + 2ac + 2bc$

$(5x - 3y + 8)^2 = (5x)^2 + (-3y)^2 + 8^2 + 2 \cdot (5x) \cdot (-3y) + 2 \cdot (5x) \cdot 8 + 2 \cdot (-3y) \cdot 8$

$(5x - 3y + 8)^2 = 25x^2 + 9y^2 + 64 - 30xy + 80x - 48y$

4. Beispiel: $(5x + 3y - 8)^2$

Statt a setzen wir 5x, statt b nun 3y, statt c nun -8.

$(a + b + c)^2 = a^2 + b^2 + c^2 + 2ab + 2ac + 2bc$

$(5x + 3y - 8)^2 = (5x)^2 + (3y)^2 + (-8)^2 + 2 \cdot (5x) \cdot (3y) + 2 \cdot (5x) \cdot (-8) + 2 \cdot (3y) \cdot (-8)$

$(5x + 3y - 8)^2 = 25x^2 + 9y^2 + 64 + 30xy - 80x - 48y$

Aufgaben Binomische Formeln (Teil I)

Wie bei der Binomischen Formel mit zwei Summanden in einem Faktor zeigen wir, dass diese Aussage auch für drei Summanden gilt:

$(-a-b-c)^2 = [(-1) \cdot (a+b+c)]^2$
$\Rightarrow [(-1) \cdot (a+b+c)]^2 = (-1)^2 \cdot (a+b+c) \Rightarrow$

$$(-a-b-c)^2 = (a+b+c)^2$$

2.3 Aufgaben: Binomische Formeln (Teil I)

1. a) $(x+12)^2$ b) $(x+12) \cdot (x+12)$
   c) $(-x-12)^2$ d) $-(x+12)^2$
   e) $(-x-12) \cdot (-x-12)$ f) $(x-12)^2$
   g) $(12-x)^2$ h) $-(x-12)^2$
   i) $(x-12) \cdot (x+12)$ j) $(12-x) \cdot (12+x)$

Haben Sie die Gemeinsamkeiten und die Unterschiede in der Aufgabe 1 bemerkt?

2. a) $(x-5)^2$ b) $(x+5)^2$
   c) $(x-5) \cdot (x+5)$

Haben Sie die Unterschiede in der Aufgabe 2 bemerkt?

3. a) $(3x-15)^2$ b) $3 \cdot (x-5)^2$
   c) $(0{,}3x-0{,}3)^2$ d) $0{,}3 \cdot (x-1) \cdot (x-1)$
   e) $0{,}3 \cdot (x-1) \cdot (x+1)$
   f) $(0{,}3x-0{,}3) \cdot (0{,}3x+0{,}3)$

Haben Sie bei Aufgabe 3 an die Potenzgesetze gedacht?

4. a) $(5x-7)^2$ b) $(5x-7) \cdot (5x+7)$
   c) $(6x+7)^2$ d) $(6x-7) \cdot (6x+7)$

5. a) $\left(\dfrac{3}{4} \cdot x - 1\right)^2$ b) $\left(\dfrac{5}{7} \cdot x + \dfrac{7}{5}\right)^2$
   c) $\left(\dfrac{5}{7} \cdot x + \dfrac{7}{5}\right) \cdot \left(\dfrac{5}{7} \cdot x - \dfrac{7}{5}\right)$

6. a) $\left(x + \dfrac{1}{x}\right)^2$ für $x \neq 0$ b) $\left(x + \dfrac{1}{x}\right) \cdot \left(x - \dfrac{1}{x}\right)$ für $x \neq 0$

7. a) $\dfrac{1}{3} \cdot \left(\dfrac{3}{4}x - \dfrac{4}{3}\right)^2$ b) $\left[\dfrac{1}{3} \cdot \left(\dfrac{3}{4}x - \dfrac{4}{3}\right)\right]^2$

2 Binomische Formeln

c) $\dfrac{1}{3} \cdot \left(\dfrac{3}{4}x - \dfrac{4}{3}\right) \cdot \left(\dfrac{3}{4}x + \dfrac{4}{3}\right)$

8. a) $(x^3 - x^2)^2$
   b) $(x^3 + x^2)^2$
   c) $(x^6 - x)^2$
   d) $(x^6 + x) \cdot (x^6 - x)$

9. a) $\left(\dfrac{1}{x^2} - \dfrac{1}{2x}\right)^2$ für $x \neq 0$
   b) $\left(\dfrac{1}{x^2} - \dfrac{1}{2x}\right) \cdot \left(\dfrac{1}{x^2} + \dfrac{1}{2x}\right)$ für $x \neq 0$
   c) $\left(\dfrac{1}{x+1} + \dfrac{a}{x-1}\right) \cdot \left(\dfrac{1}{x+1} - \dfrac{a}{x-1}\right)$ für $x \neq 1 \wedge x \neq -1$

10. a) $\left(\dfrac{a+b}{x+1} - \dfrac{a-b}{x-1}\right) \cdot \left(\dfrac{a+b}{x+1} + \dfrac{a-b}{x-1}\right)$ für $x \neq 1 \wedge x \neq -1$
    b) $\left(\dfrac{4a}{x+1} - \dfrac{3b}{x-1}\right) \cdot \left(\dfrac{4a}{x+1} + \dfrac{3b}{x-1}\right)$ für $x \neq 1 \wedge x \neq -1$
    c) $\left(\dfrac{3}{4}x^3 - \dfrac{5}{2}x\right) \cdot \left(\dfrac{3}{4}x^3 + \dfrac{5}{2}x\right) \cdot \left(\dfrac{9}{16}x^6 + \dfrac{25}{4}x^2\right)$
    d) $\left(\dfrac{a^3}{x-3} - \dfrac{5}{x+3}\right) \cdot \left(\dfrac{a^3}{x-3} + \dfrac{5}{x+3}\right)$ für $x \neq 3 \wedge x \neq -3$

11. a) $[x + (a+5)] \cdot [x - (a+5)]$
    b) $[x + 3a] \cdot [x - 3a] \cdot [x^2 + 9a^2]$

12. a) $(3a + 4b - 5c)^2$
    b) $(3x^3 + 7x^2 + 6)^2$
    c) $\left(\dfrac{3}{4}x - \dfrac{5}{2}x^2y + \dfrac{6}{7}x^3y^2\right)^2$
    d) $\left(\dfrac{3}{4}x - \dfrac{5}{2}x^2y - \dfrac{6}{7}x^3y^2\right)^2$

Lösen Sie die folgenden Gleichungen.
Wenden Sie dazu, falls es möglich ist, die binomischen Formeln an. Bedenken Sie, dass ein Produkt Null ist, wenn ein Faktor Null ist.

13. a) $(x+5)^2 = 0$
    b) $\left(\dfrac{3}{4} \cdot x - \dfrac{5}{7}\right)^2 = 0$
    c) $x^2 - 25 = 0$
    d) $x^2 + 25 = 0$

14. a) $\left(x + \dfrac{5}{4}\right)^2 - 16 = 0$
    b) $\left(x + \dfrac{5}{4}\right)^2 + 16 = 0$
    c) $x \cdot (x^2 - 9) \cdot (x^2 - 36) \cdot (x^2 + 1) = 0$

Haben Sie bei den Aufgaben 13 und 14 beachtet, dass der Ausdruck $a^2 + b^2$ in R bzw. in den Teilmengen N, Z, Q nicht zerlegbar ist?
Da immer gilt: $x^2 \geq 0$, kann bei der Addition einer Quadratzahl (immer positiv!) mit einer positiven Zahl $x^2 + a$ mit $a > 0$ nie 0 herauskommen!

2.4 Zurückführen der binomischen Formeln

1. Binomische Formel

Wie können wir $a^2 \pm 2ab + b^2$ in $(a \pm b)^2$ zurückführen?

- Zuerst prüfen wir die Vorzeichen.

Den weiteren Vorgang wollen wir mittels des unteren Ablaufschemas zeigen.

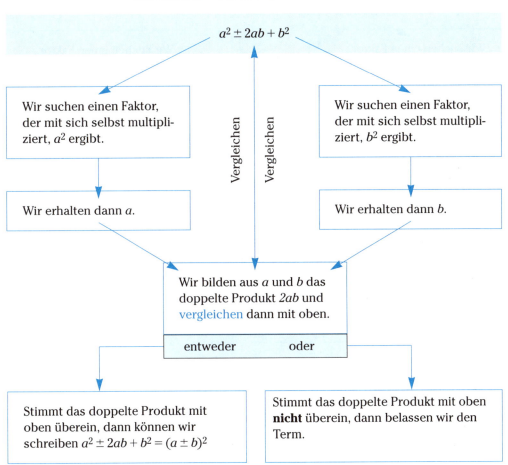

21

2 Binomische Formeln

Beispiel 1

Vorzeichen: ↓ ↓ ↓
Wie können wir $x^2 + 6x + 9$ in $(\ +\ )^2$ zurückführen?
Zuerst prüfen wir die Vorzeichen. Den weiteren Vorgang wollen wir, in Analogie zum obigen Ablaufschema, darstellen.

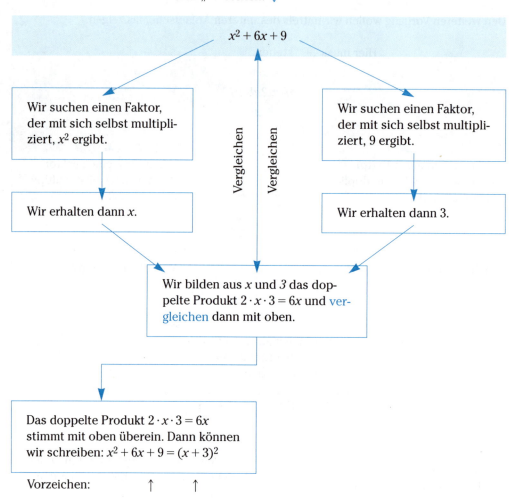

Vorzeichen: ↑ ↑

2. Binomische Formel

Beispiel 2
Wie können wir $4x^2 - 20x + 25$ in $(\ -\ )^2$ zurückführen?
Wie beim Ablaufschema und im vorigen Beispiel überprüfen wir die Vorzeichen. Für den weiteren Vorgang benutzen wir wieder das obige Ablaufschema.

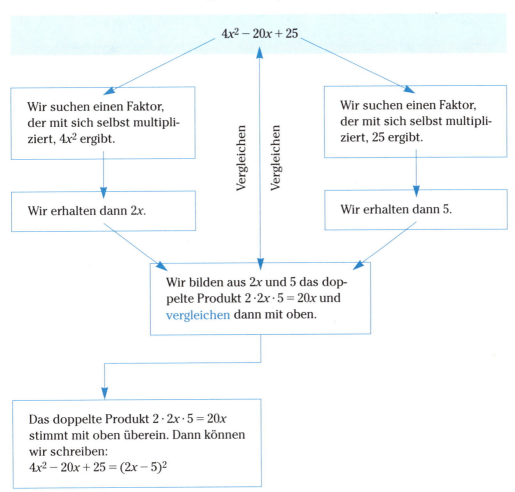

Das Vorzeichen des gemischten Gliedes bestimmt das Vorzeichen in der Binomischen Formel.

2 Binomische Formeln

Beispiel 3

Wie können wir $25x^2 - 20x + 16$ in $(\ -\ )^2$ zurückführen?
Den weiteren Vorgang wollen wir, in Analogie zum obigen Ablaufschema, darstellen.

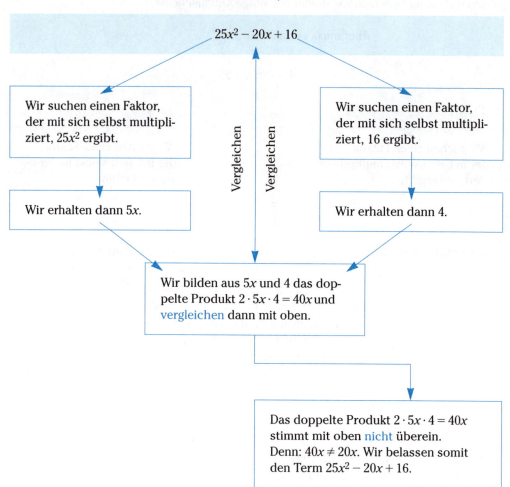

3. Binomische Formel

↓ Hier muss „−" stehen.
Wie können wir $a^2 - b^2$ in $(a + b)(a - b)$ zurückführen?

- Zuerst prüfen wir die Vorzeichen.

Den weiteren Vorgang wollen wir mit diesem Ablaufschema darstellen.

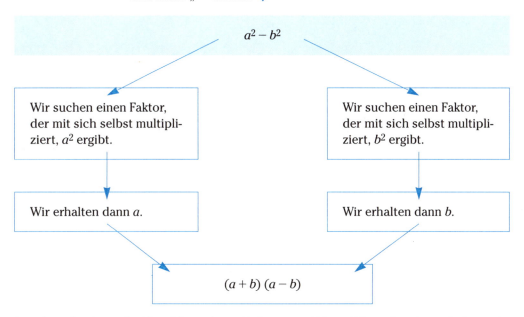

Beachten Sie dass $a^2 + b^2$ in R bzw. deren Teilmengen N bzw. Z bzw. Q nicht zerlegbar ist!
Es gilt: $N \subset Z \subset Q \subset R$

2 Binomische Formeln

Beispiel 4

↓ Hier muss „−" stehen.
Wie können wir $a^2 - 9$ in $(+) \cdot (-)$ zurückführen?

- Zuerst prüfen wir die Vorzeichen.

Den weiteren Vorgang wollen wir in Analogie zum Ablaufschema darstellen.

Hier muss „−" stehen. ↓

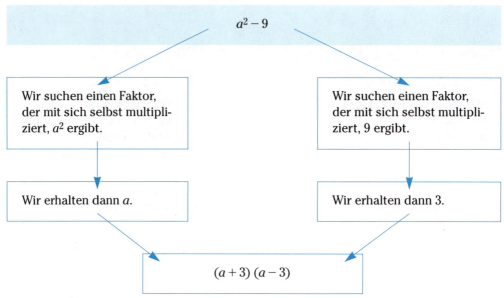

Beispiel 5
$x^2 - 12x - 36$
  ↑ *Hier muss „+" stehen.* ⇒ *Wir belassen den Term.*

Beispiel 6
$\quad 36x^2 + 64 + 96x = 36x^2 + 96x + 64$
⇒ $36x^2 + 96x + 64 = (6x)^2 + 2 \cdot 6x \cdot 8 + (8)^2$
⇒ $(6x)^2 + 2 \cdot 6x \cdot 8 + (8)^2 = (6x + 8)^2$

Beispiel 7
$\quad 3x^2 - 24x + 48 = 3 \cdot (x^2 - 8x + 16)$
⇒ $3 \cdot (x^2 - 8x + 16) = 3 \cdot [(x)^2 - 2 \cdot x \cdot 4 + (4)^2]$
⇒ $3 \cdot [(x)^2 - 2 \cdot x \cdot 4 + (4)^2] = 3 \cdot (x - 4)^2$

Beispiel 8
$\quad \frac{1}{4}x^2 + x + 1 = \left(\frac{1}{2}x\right)^2 + 2 \cdot \frac{1}{2}x \cdot 1 + (1)^2$
⇒ $\left(\frac{1}{2}x\right)^2 + 2 \cdot \frac{1}{2}x \cdot 1 + (1)^2 = \left(\frac{1}{2}x + 1\right)^2$

Beispiel 9
$x^2 + 25$
↑ Hier muss „−" stehen. ⇒ Wir können den Term nicht verändern.

Beispiel 10
$\quad -81 + x^2 = x^2 - 81$
$\Rightarrow x^2 - 81 = (x+9) \cdot (x-9)$

Beachten Sie bei dem folgenden Beispiel das 6. Potenzgesetz: $(a^m)^k = a^{m \cdot k}$.

Beispiel 11
$\quad a^{20} - b^{28} = (a^{10} + b^{14}) \cdot (a^{10} - b^{14})$
$\Rightarrow (a^{10} + b^{14}) \cdot (a^{10} - b^{14}) = (a^{10} + b^{14}) \cdot (a^5 + b^7) \cdot (a^5 - b^7)$
Der erste der drei Faktoren mit dem „+"-Zeichen ist nicht mehr weiter zerlegbar.
Hier wurde die Formel $a^2 - b^2 = (a+b) \cdot (a-b)$ zweimal angewendet.

Beispiel 12
$\quad x^2 + 2xy + y^2 - 1 = (x^2 + 2xy + y^2) - 1$
$\Rightarrow (x^2 + 2xy + y^2) - 1 = (x+y)^2 - 1$
$\Rightarrow (x+y)^2 - 1 = [(x+y) + 1] \cdot [(x+y) - 1]$
In diesem Beispiel trat die 1. Binomische Formel $(a+b)^2 = a^2 + 2ab + b^2$ sowie die 3. Binomische Formel $a^2 - b^2 = (a+b) \cdot (a-b)$ auf.

Beispiel 13
Beachten Sie beim folgenden Beispiel das 1. Potenzgesetz: $a^m \cdot a^k = a^{m+k}$.

$\quad x^{10} + 2x^8 + x^6 = (x^5)^2 + 2 \cdot x^5 \cdot x^3 + (x^3)^2$
$\Rightarrow (x^5)^2 + 2 \cdot x^5 \cdot x^3 + (x^3)^2 = (x^5 + x^3)^2$

Hier gilt: $2 \cdot x^5 \cdot x^3 = 2x^8$

2.5 Aufgaben: Binomische Formeln (Teil II)

Zerlegen Sie die Terme in die binomische Formel zurück, falls dies möglich ist.

1. a) $x^2 + 12x + 36$ b) $x^2 - 12x + 36$
   c) $x^2 + 12x - 36$ d) $x^2 - 12x - 36$
   e) $-x^2 + 12x - 36$ f) $-x^2 - 12x - 36$

   Haben Sie bei der Aufgabe 1 auch immer die Vorzeichen beachtet?

2. a) $x^2 + 8x + 16$ b) $x^2 - 8x + 16$
   c) $x^2 + 4x + 16$ d) $x^2 + 16 - 8x$
   e) $x^2 + 16 + 8x$

   Haben Sie bei Aufgabe 2 das doppelte Produkt kontrolliert?

2 Binomische Formeln

> Tipp zu Aufgabe 3:
> Klammern Sie jeweils den richtigen „Faktor" aus!

3. a) $\frac{1}{3} \cdot x^2 + 4x + 12$ b) $x^3 - 26x^2 + 169x$

4. a) $9x^2 - 42x + 49$ b) $9x^2 - 49$
   c) $9x^2 + 49$ d) $25x^2 - 60x + 36$
   e) $36 - 48x + 16x^2$

Versuchen Sie bei der folgenden Aufgabe 5, zuerst geschickt auszuklammern.

5. a) $a^2bx^2 - 6a^2bxy + 9a^2by^2$ b) $ab^2x^2 + 6ab^2xy + 9ab^2y^2$
   c) $x^6 + 2x^{10} + x^{14}$ d) $3x^{11} + 18x^{12} + 27x^{13}$
   e) $36x^3 - 84x^2 + 49x$ f) $\frac{4}{49}x^2 + \frac{4}{35}x + \frac{1}{25}$
   g) $25 - 5x + \frac{1}{4}x^2$ h) $\frac{1}{4} \cdot x^2 + \frac{1}{16}x + \frac{1}{256}$

6. a) $0{,}2x^2 - 2x + 5$ b) $100x^2 + 4x - 0{,}04$
   c) $a^2x^2 + 2bx + \frac{b^2}{a^2}$ für $a \neq 0$ d) $\frac{1}{3} \cdot x^2 + \frac{2}{9}x + \frac{1}{27}$

7. a) $0{,}4x^2 - 0{,}4$ b) $0{,}04x^2 - 0{,}04$
   c) $0{,}09x^2 + 0{,}09$ d) $0{,}09x^2 - 0{,}09$

Zerlegen Sie die folgenden Terme von Aufgabe 8 vollständig! Klammern Sie geschickt aus dabei.

8. a) $\frac{1}{x^2} - x^2$ für $x \neq 0$ b) $x^4 - 81$
   c) $x^{16} - x^4$ d) $ax^3 - ax$
   e) $\frac{1}{3}x^2 - 27$ f) $\frac{45}{16}x^2 - \frac{64}{5}$

Denken Sie bei der folgenden Aufgabe auch an die Verschachtelung der Binomischen Formeln!

9. a) $a^2 - 2ab + b^2 - 1$ b) $a^2 - 6ab + 9b^2 - 25$
   c) $\frac{1}{3}a^2 + 4ab^4 + 12b^8 - 27$ d) $a^2 - 2ab + b^2 - c^2 + 6c - 9$
   e) $\frac{1}{5}a^2 - 2ab + 5b^2 - 5$ f) $\frac{1}{a^2 + 2ab + b^2} - 1$ für $a \neq -b$
   g) $\frac{a^2}{b} - \frac{c^2 b}{d^2}$ für $b \neq 0 \land d \neq 0$

Bei den folgenden Aufgaben sollen die Binomischen Formeln sofort und ohne Umrechnung der Brüche angewendet werden.

10. a) $\frac{1}{x^2 + 2x + 1} - \frac{2}{x + 1} + 1$ für $x \neq -1$
    b) $\frac{1}{a^2 - 2a + 1} - \frac{2}{a^2 - 1} + \frac{1}{a^2 + 2a + 1}$ für $a \neq 1 \land a \neq -1$

c) $\dfrac{9x^2}{x^2 - 10x + 25} + \dfrac{6xy}{x^2 - 25} + \dfrac{y^2}{x^2 + 10x + 25}$ für $x \neq 5 \;\wedge\; x \neq -5$

d) $\dfrac{10}{9x^2 - 24x + 16} + \dfrac{100x}{9x^2 - 16} + \dfrac{250x^2}{9x^2 + 24x + 16}$ für $x \neq \dfrac{4}{3} \;\wedge\; x \neq -\dfrac{4}{3}$

2.6 Zerlegung der Summe x² + bx + c in ihre Faktoren

Vorbemerkung

1. Wir wenden uns hier einem wichtigen Spezialfall zu.
2. Die Zerlegung der Summe $x^2 + bx + c$ wird durch gezieltes „Erraten" erreicht.
3. Die hier gezeigte Zerlegung der Summe $x^2 + bx + c$ in ihre Faktoren, ist nicht immer so einfach möglich, wie in unseren Spezialfällen gezeigt wird.
4. In unseren gezeigten Spezialfällen kann man die Zerlegung der Summe $x^2 + bx + c$ immer mit dem gezielten „Erraten" erreichen.
5. Die Zerlegung der Summe $x^2 + bx + c$ durch gezieltes „Erraten" ist zum Lösen von quadratischen Gleichungen, die später folgen, nicht nur eine äußerst nützliche, sondern auch eine unverzichtbare Hilfe.

Beachten Sie, dass der Koeffizient bei x^2 stets 1 ist, das heißt: $1 \cdot x^2 = x^2$

Rechenalgorithmus für das Zerlegen

Es wird nun die untenstehende Summe $x^2 + bx + c$ in ihre Faktoren zerlegt.

$$x^2 + bx + c$$

Dazu multiplizieren wir das Produkt $(x + \alpha)(x + \beta)$ aus, formen es um und erhalten dann:
$(x + \alpha)(x + \beta) = x^2 + \beta x + \alpha x + \alpha\beta \Rightarrow$

$$x^2 + x \cdot (\alpha + \beta) + \alpha\beta$$

Wir führen jetzt einen Koeffizientenvergleich durch, das heißt, wir vergleichen die Faktoren bei x² (hier 1 = 1), bei x (hier b = α + β) und bei dem x-freien Glied (hier c = αβ). Es gilt dann:

$$\begin{array}{lll} x^2 & +\, bx & +\, c \\ \updownarrow & \updownarrow & \updownarrow \\ x^2 + x\cdot(\alpha+\beta) & +\, \alpha\beta = (x+\alpha)(x+\beta) \end{array} \qquad \begin{array}{c} Koeffizienten- \\ \leftarrow vergleich \Rightarrow \end{array} \qquad \left\{\begin{array}{l} 1 = 1 \\ b = \alpha + \beta \\ c = \alpha\beta \end{array}\right.$$

2 Binomische Formeln

Mittels dieser Erkenntnis können wir dann α bzw. β schnell bestimmen. Zur Verdeutlichung wollen wir nun einige Beispiele dazu zeigen.
In Worten:
Wir zerlegen den x-freien Koeffizienten c in zwei geeignete Faktoren, sodass deren Summe den Koeffizienten b ergibt.

Beispiel 1

$x^2 + 7x + 12$

In diesem Beispiel ist der x-freie Koeffizient c = 12. Wir zerlegen nun c = 12 in zwei Faktoren und bilden dann die Summe der Faktoren. Stimmt die gebildete Summe mit dem Koeffizient b = 7 überein, dann können wir den Term in die oben gezeigte Form $(x + \alpha)(x + \beta)$ überführen.

$$x^2 + bx + c \xrightarrow{\text{Koeffizientenvergleich}} x^2 + x \cdot (\alpha + \beta) + \alpha\beta = (x + \alpha)(x + \beta)$$

$b = \alpha + \beta = 7$
$c = \alpha\beta = 12$

Wir suchen nun eine Zahlenkombination von α und von β so, dass gilt:
$\alpha\beta = 12$ und $\alpha + \beta = 7$

α	1	−1	2	−2	−3	3
β	12	−12	6	−6	−4	4
$\alpha \cdot \beta = 12$	$12 = 1 \cdot 12$	$12 = (-1) \cdot (-12)$	$12 = 2 \cdot 6$	$12 = (-2) \cdot (-6)$	$12 = (-3) \cdot (-4)$	$12 = 3 \cdot 4$
$\alpha + \beta$	$13 = 1 + 12$	$-13 = -1 - 12$	$8 = 2 + 6$	$-8 = -2 - 6$	$-7 = -3 - 4$	$7 = 3 + 4$
	↑Versuch	↑Versuch	↑Versuch	↑Versuch	↑Versuch	↑Lösung

Wir erkennen an der letzten Spalte, dass die folgende Zerlegung gilt:
Aus $(x + \alpha)(x + \beta)$ mit $\alpha = 3$ und $\beta = 4$ erhalten wir dann: $(x + 3)(x + 4)$

Durch Ausmultiplizieren können wir sofort die Richtigkeit bestätigen:
$(x + 3)(x + 4) = x^2 + 4x + 3x + 12$
$(x + 3)(x + 4) = x^2 + 7x + 12$

Zerlegung der Summe x² + bx + c in ihre Faktoren

Beispiel 2

$x^2 - 8x - 20$

In diesem Beispiel ist der x-freie Koeffizient c = −20. Wir zerlegen nun c = −20 in zwei Faktoren und bilden dann die Summe der Faktoren. Stimmt die gebildete Summe mit dem Koeffizient b = −8 überein, dann können wir den Term in die oben gezeigte Form $(x + \alpha)(x + \beta)$ überführen.

$$x^2 + bx + c \xrightarrow{\text{Koeffizientenvergleich}} x^2 + x \cdot (\alpha + \beta) + \alpha\beta = (x + \alpha)(x + \beta)$$

$b = \alpha + \beta = -8$
$c = \alpha\beta = -20$

Wir suchen nun eine Zahlenkombination von α und von β, sodass gilt:
$\alpha\beta = -20$ und $\alpha + \beta = -8$

α	1	−1	4	−4	−2	2
β	−20	20	−5	5	10	−10
α · β = −20	−20	−20	−20	−20	−20	−20
α + β	−19	19	−1	1	8	−8
	↑ Versuch	↑ Versuch	↑ Versuch	↑ Versuch	↑ Versuch	↑ Lösung

Wir erkennen an der letzen Spalte, dass folgende Zerlegung gilt:
$(x + \alpha)(x + \beta)$ mit $\alpha = 2$ und $\beta = -10$ erhalten wir dann: $(x + 2)(x - 10)$

Durch Ausmultiplizieren können wir das Ergebnis sofort als richtig bestätigen:
$(x + 2)(x - 10) = x^2 - 10x + 2x - 20$
$(x + 2)(x - 10) = x^2 - 8x - 20$

Beispiel 3

$x^2 - x - 12$

In diesem Beispiel ist der x-freie Koeffizient c = −12. Wir zerlegen nun c = −12 in zwei Faktoren und bilden dann die Summe der Faktoren. Stimmt die gebildete Summe mit dem Koeffizient b = −1 überein, dann können wir den Term in die oben gezeigte Form $(x + \alpha)(x + \beta)$ überführen.

$$x^2 + bx + c \xrightarrow{\text{Koeffizientenvergleich}} x^2 + x \cdot (\alpha + \beta) + \alpha\beta = (x + \alpha)(x + \beta)$$

$b = \alpha + \beta = -1$
$c = \alpha\beta = -12$

2 Binomische Formeln

Wir suchen nun eine Zahlenkombination von α und von β, sodass gilt:
$\alpha\beta = -12$ und $\alpha + \beta = -1$

α	1	−1	2	−2	−3	3
β	−12	12	−6	6	4	−4
α · β = −12	−12	−12	−12	−12	−12	−12
α + β	−11	11	−4	4	1	−1
	↑ Versuch	↑ Versuch	↑ Versuch	↑ Versuch	↑ Versuch	↑ Lösung

Wir erkennen an der letzten Spalte, dass folgende Zerlegung gilt:
$(x + \alpha)(x + \beta)$ mit $\alpha = 3$ und $\beta = -4$ erhalten wir dann: $(x + 3)(x - 4)$

Durch Ausmultiplizieren erkennen wir sofort die Richtigkeit:
$(x + 3)(x - 4) = x^2 - 4x + 3x - 12$
$(x + 3)(x - 4) = x^2 - x - 12$

Beispiel 4

$x^2 + 2x - 24$

In diesem Beispiel ist der x-freie Koeffizient c = −24. Wir zerlegen nun c = −24 in zwei Faktoren und bilden dann die Summe der Faktoren. Stimmt die gebildete Summe mit dem Koeffizient b = 2 überein, dann können wir den Term in die oben gezeigte Form $(x + \alpha)(x + \beta)$ überführen.

$$x^2 + bx + c \xrightarrow{\text{Koeffizientenvergleich}} x^2 + x \cdot (\alpha + \beta) + \alpha\beta = (x + \alpha)(x + \beta)$$

$b = \alpha + \beta = 2$
$c = \alpha\beta = -24$

Wir suchen nun eine Zahlenkombination von α und von β, sodass gilt:
$\alpha\beta = -24$ und $\alpha + \beta = 2$

α	1	−1	2	−2	3	−3	4	−4
β	−24	24	−12	12	−8	8	−6	6
α · β = −24	−24	−24	−24	−24	−24	−24	−24	−24
α + β	−23	23	−10	10	−5	5	−2	2
	↑ Versuch	↑ Versuch	↑ Versuch	↑ Versuch	↑ Versuch	↑ Versuch	↑ Versuch	↑ Lösung

Wir erkennen an der letzten Spalte, dass folgende Zerlegung gilt:
$(x + \alpha)(x + \beta)$ mit $\alpha = -4$ und $\beta = 6$ erhalten wir dann: $(x - 4)(x + 6)$

Durch Ausmultiplizieren erkennen wir sofort die Richtigkeit:
$(x - 4)(x + 6) = x^2 + 6x - 4x - 24$
$(x - 4)(x + 6) = x^2 + 2x - 24$

Weitere Beispiele

Es empfiehlt sich, die folgenden Beispiele zuerst selbstständig nach obigem Verfahren Schritt für Schritt auszurechnen und dann erst mit der Lösung im Buch zu vergleichen. Das Zerlegen einer quadratischen Summe mit einer Variablen ist für das Lösen von quadratischen Gleichungen/Ungleichungen von großer Bedeutung und sollte deshalb sehr gut beherrscht werden.

a) $3x^2 + 18x - 120 = 3 \cdot (x^2 + 6x - 40) = 3 \cdot (x + 10)(x - 4)$
b) $3x^2 - 18x - 120 = 3 \cdot (x^2 - 6x - 40) = 3 \cdot (x - 10)(x + 4)$
c) $-\frac{1}{2} \cdot x^2 - \frac{7}{2}x + 30 = -\frac{1}{2} \cdot (x^2 + 7x - 60) = -\frac{1}{2} \cdot (x + 12)(x - 5)$
d) $x^2 + 4kx + 3k^2 = (x + k)(x + 3k)$
e) $x^2 + kx + x + k = x^2 + x \cdot (k + 1) + k \quad \Rightarrow \quad |\quad \text{Man beachte!} \quad k = 1 \cdot k$
$\; x^2 + kx + x + k = (x + 1)(x + k)$
f) $x^2 + kx - x - k = x^2 + x \cdot (k - 1) - k \quad \Rightarrow \quad |\quad \text{Man beachte!} \quad -k = (-1) \cdot k$
$\; x^2 + kx - x - k = (x - 1)(x + k)$

Die nächsten 4 Zerlegungen sind für das Lösen von Gleichungen 3. Grades, die in einem späteren Kapitel gezeigt werden, äußerst hilfreich.

g) $x^3 + x^2 - 110x = x \cdot (x^2 + x - 110) = x \cdot (x - 10)(x + 11)$
h) $x^3 - x^2 - 110x = x \cdot (x^2 - x - 110) = x \cdot (x + 10)(x - 11)$
i) $x^3 - 21x^2 + 110x = x \cdot (x^2 - 21x + 110) = x \cdot (x - 10)(x - 11)$
j) $x^3 + 21x^2 + 110x = x \cdot (x^2 + 21x + 110) = x \cdot (x + 10)(x + 11)$

Die nächsten 4 Zerlegungen sind für das Lösen von Gleichungen 4. Grades, die in einem späteren Kapitel gezeigt werden, äußerst hilfreich. Beachten Sie zudem, dass hier auch die Formel $a^2 - b^2 = (a - b)(a + b)$ verwendet wird.

k) $x^4 - 37x^2 + 36 = (x^2 - 36)(x^2 - 1) = (x - 6)(x + 6)(x - 1)(x + 1)$
l) $x^4 + 37x^2 + 36 = (x^2 + 36)(x^2 + 1)$ (nicht mehr weiter zerlegbar)
m) $x^4 - 35x^2 - 36 = (x^2 - 36)(x^2 + 1) = (x - 6)(x + 6)(x^2 + 1)$ (nicht mehr weiter zerlegbar)
n) $x^4 + 35x^2 - 36 = (x^2 + 36)(x^2 - 1) = (x^2 + 36)(x - 1)(x + 1)$ (nicht mehr weiter zerlegbar)

Denken Sie auch daran, dass $a^2 + b^2$ in R bzw. deren Teilmengen N bzw. Z bzw. Q nicht zerlegbar ist!

2.7 Aufgaben: Faktorenzerlegung

Zerlegen Sie die folgenden Terme in ihre Faktoren.

1. a) $x^2 + 7x + 6$ b) $x^2 - 7x + 6$
   c) $x^2 - 5x - 6$ d) $x^2 + 5x - 6$
   e) $x^2 + 15x + 56$ f) $x^2 - x - 56$

2. a) $x^2 + 8x + 15$ b) $x^2 - 2x - 15$
   c) $x^2 + 10x + 16$ d) $x^2 - 6x - 16$
   e) $x^2 - x - 30$ f) $x^2 - 6x - 7$

Klammern Sie – falls möglich – bei den folgenden Aufgaben zuerst aus. Zerlegen Sie vollständig!

3. a) $3x^2 + 39x + 108$ b) $3x^2 - 39x + 108$
   c) $3x^2 - 15x - 108$ d) $3x^2 + 15x - 108$

4. a) $x^3 - 9x^2 + 14x$ b) $x^3 - 5x^2 - 14x$
   c) $x^4 - 13x^2 + 36$ d) $x^4 - 10x^2 + 9$

5. a) $x^2 + ax + x + a$ b) $x^2 - ax - x + a$
   c) $x^2 + ax - x - a$ d) $x^2 - ax + x - a$

Lösen Sie die folgenden Aufgaben. Zerlegen Sie zuerst wie oben die Summe in ihre Faktoren. Denken Sie auch daran, dass ein Produkt Null ist, wenn ein Faktor Null ist! Näheres zum Lösen solcher Aufgaben erfahren Sie in den folgenden Kapiteln.

6. a) $x^2 + 22x + 120 = 0$ b) $x^2 + 2x - 143 = 0$
   c) $x^3 - 2x^2 - 63x = 0$ d) $x^4 - 16x^2 - 225 = 0$

3 Die Quadratwurzel

Wir wollen hier nur die wichtigsten Definitionen und Rechengesetze zur Quadratwurzel als Wiederholung für das Lösen von quadratischen Gleichungen zusammenfassen.

> **Definition**
> Die $\sqrt{a}$ mit $a \in R_0^+$ ist die eindeutige positive reelle Zahl einschließlich der Zahl 0, deren Quadrat a ist. Wir nennen a den Radikand.

Somit gilt:

$$\sqrt{a} \geq 0 \quad \text{für} \quad a \in R_0^+ \qquad (\sqrt{a})^2 = a \quad \text{für} \quad a \in R_0^+ \qquad \sqrt{a^2} = |a| \quad \text{für} \quad a \in R$$

Es gelten folgende Rechengesetze:

$$\sqrt{a} \cdot \sqrt{b} = \sqrt{a \cdot b} \quad \text{für } a; b \in R_0^+ \qquad \frac{\sqrt{a}}{\sqrt{b}} = \sqrt{\frac{a}{b}} \quad \text{für } a \in R_0^+ \wedge b \in R^+$$

Beispiel

a) $\sqrt{25} \cdot \sqrt{36} = \sqrt{900} = 30$

b) $\dfrac{\sqrt{121}}{\sqrt{100}} = \sqrt{\dfrac{121}{100}} = \dfrac{11}{10}$

Es sei hier explizit darauf hingewiesen, dass nur Produkte oder Quotienten unter der Wurzel „getrennt" werden dürfen, niemals Summen oder Differenzen!

Beispiel

$\sqrt{225} + \sqrt{64} = 15 + 8 = 23 \neq \sqrt{225 + 64} = \sqrt{289} = 17$

Ergänzungen zur Quadratwurzel

Hier folgen noch einige Anmerkungen zu den Zahlenmengen:
N ist die Menge der natürlichen Zahlen
Z ist die Menge der ganzen Zahlen
Q ist die Menge der rationalen Zahlen
Es gilt: $N \subset Z \subset Q$

In der Menge der rationalen Zahlen Q sind auch Dezimalbrüche enthalten, die
- unendlich rein periodisch sind, z. B. $0,\overline{3} = 0{,}33333333\ldots$, sowie
- unendlich gemischt periodisch, z. B. $0{,}3\overline{54} = 0{,}354545454\ldots$, sind.

3 Die Quadratwurzel

Es gibt jedoch auch Dezimalbrüche die unendlich nicht periodisch sind. Diese Zahlen nennt man irrationale Zahlen. Wir definieren für die Menge der irrationalen Zahlen das Formelzeichen I_R.
So ist z. B. jede Quadratwurzel aus einer Primzahl eine irrationale Zahl.

Beispiel
$\sqrt{2} = 1{,}4142\ldots$
Ebenso ist die Kreiszahl $\pi = 3{,}1415\ldots$ eine irrationale Zahl.

Vereinigt man die rationalen Zahlen Q mit den irrationalen Zahlen I_R dann erhält man die reellen Zahlen R. Es gilt somit:

$$Q \cup I_R = R \quad \text{sowie} \quad N \subset Z \subset Q \subset R$$

Ergänzungen zu den absoluten Beträgen

Es gilt:

$$|a| = \begin{cases} a & \text{für } a \in R_0^+ \\ -a & \text{für } a \in R^- \end{cases} \quad \text{sowie } |a| \geq 0$$

Beispiel 1

$$|x+3| = \begin{cases} x+3 & \text{für } x+3 \geq 0 \\ -(x+3) & \text{für } x+3 < 0 \end{cases} \Rightarrow |x+3| = \begin{cases} x+3 & \text{für } x \geq -3 \\ -x-3 & \text{für } x < -3 \end{cases}$$

Beispiel 2

$|a^2| = a^2$ denn es gilt: $a^2 \geq 0$ für alle $a \in R$

Ferner gelten die folgenden wichtigen Formeln.

$$|a| \cdot |b| = |a \cdot b| \quad \text{für} \quad a \in R \wedge b \in R$$
$$\frac{|a|}{|b|} = \left|\frac{a}{b}\right| \quad \text{für} \quad a \in R \wedge b \in R \setminus \{0\}$$

Es folgen nun Beispiele zur Quadratwurzel.

Beispiel 3
Für welches $a \in R$ ist die Quadratwurzel definiert?

$\sqrt{a-3}$ siehe Definition: $a-3 \geq 0 \Rightarrow a \geq 3$. Für $a \geq 3$ ist die Wurzel definiert.

Aufgaben: Quadratwurzel

Beispiel 4

$\sqrt{(-3)^2} = |-3| = 3$
Beachten Sie hier genau die Definition der Quadratwurzel!

Beispiel 5

$(\sqrt{7})^2 = 7$

Beispiel 6

$\sqrt{3} \cdot \sqrt{12} = \sqrt{36} = 6$
Hier wenden wir die Rechengesetze für die Quadratwurzel an.

Beispiel 7

$\sqrt{\dfrac{4}{9}} = \dfrac{\sqrt{4}}{\sqrt{9}} = \dfrac{2}{3}$ (Anwenden der Rechengesetze)

Beispiel 8

$\sqrt{a^2 + a^4} = \sqrt{a^2 \cdot (1 + a^2)} = |a| \cdot \sqrt{1 + a^2}$
Auch hier ist auf die Rechenregel bei Quadratwurzeln zu achten!

Beispiel 9

$\sqrt{45} = \sqrt{9 \cdot 5} = \sqrt{9} \cdot \sqrt{5} = 3 \cdot \sqrt{5}$ ← Man nennt dies teilweise radizieren.

Beispiel 10

$\sqrt{75} = \sqrt{25 \cdot 3} = \sqrt{25} \cdot \sqrt{3} = 5 \cdot \sqrt{3}$
Auch hier wurde teilweise radiziert.

Beispiel 11

Manchmal kann es für die weitere Rechnung von Hilfe sein, wenn ein Faktor in die Wurzel gezogen wird.
$-2 \cdot \sqrt{3} = -\sqrt{2^2 \cdot 3} = -\sqrt{12}$
Hierbei ist aber unbedingt zu beachten:

Nur eine positive reelle Zahl darf unter die Wurzel gezogen werden.

Beispiel 12

$\sqrt{25 + 144} = \sqrt{169} = 13$
Haben Sie bei den einzelnen Summanden zuerst die Wurzel gezogen und dann addiert?
Denken Sie immer daran:

Zuerst addieren, dann die Wurzel ziehen!

3 Die Quadratwurzel

Beispiel 13
Beachten Sie dazu die Formel: $(a+b)^2 = a^2 + 2ab + b^2$

$(\sqrt{3} + \sqrt{5})^2 = 3 + 2 \cdot \sqrt{3} \cdot \sqrt{5} + 5 = 8 + 2 \cdot \sqrt{15}$
Statt a gilt hier $\sqrt{3}$. Statt b gilt hier $\sqrt{5}$.

Beispiel 14
Beachten Sie dazu die Formel: $(a+b)(a-b) = a^2 - b^2$

$(\sqrt{3} + \sqrt{2}) \cdot (\sqrt{3} - \sqrt{2}) = 3 - 2 = 1$
Statt a gilt hier $\sqrt{3}$, statt b nun $\sqrt{2}$.

Beispiel 15
Wir wollen zuerst teilweise radizieren und dann den Bruch kürzen.

$$\frac{3 + \sqrt{45}}{3} = \frac{3 + 3 \cdot \sqrt{5}}{3} \Rightarrow \frac{3 \cdot (1 + \sqrt{5})}{3} = 1 + \sqrt{5}$$

Beispiel 16
Wir wollen zuerst teilweise radizieren und dann den Bruch kürzen.

$$\frac{5 + \sqrt{250}}{5} = \frac{5 + 5 \cdot \sqrt{10}}{5} \Rightarrow \frac{5 \cdot (1 + \sqrt{10})}{5} = 1 + \sqrt{10}$$

Aufgaben: Quadratwurzel

1. a) $\sqrt{25}$ b) $\sqrt{0{,}4}$ c) $\sqrt{0{,}04}$ d) $\sqrt{360}$ e) $\sqrt{3600}$

   Haben Sie den Unterschied bei dieser Aufgabe bemerkt?

2. Für welches $a \in R$ ist die Wurzel definiert?

   a) $\sqrt{-a + 3}$ b) $\sqrt{-a}$
   c) $\sqrt{a^2 + 4}$

3. Radizieren Sie teilweise.

   a) $\sqrt{90}$ b) $\sqrt{250}$
   c) $\sqrt{k^3}$ mit $k \in R_0^+$ d) $\sqrt{25 + 25k^2} \wedge k \in R$
   e) $\sqrt{50 + 100k^2} \wedge k \in R$

4. Radizieren Sie teilweise und kürzen Sie dann den Bruch.

   a) $\dfrac{2 + \sqrt{4k}}{2}$ mit $k \in R_0^+$ b) $\dfrac{\sqrt{27k} + \sqrt{45}}{3}$ mit $k \in R_0^+$
   c) $\dfrac{\sqrt{125} + \sqrt{50k}}{5}$ mit $k \in R_0^+$

Aufgaben: Quadratwurzel

5. Ziehen Sie den Faktor unter die Wurzel.

   a) $6 \cdot \sqrt{3}$
   b) $-2 \cdot \sqrt{3}$
   c) $a \cdot \sqrt{b}\quad \text{mit}\quad a\,;b \in R_0^+$
   d) $a \cdot \sqrt{b}\quad a \in R_0^-\ \wedge\ b \in R_0^+$

6. a) $\sqrt{\sqrt{81}} - \sqrt{3}$
   b) $(\sqrt{3} + 4 \cdot \sqrt{7})^2$
   b) $\left(\dfrac{\sqrt{3}}{2} + \dfrac{2}{\sqrt{48}}\right)^2$
   c) $\left(\sqrt{\dfrac{3}{8}} + \sqrt{\dfrac{5}{7}}\right)^2$
   e) $\left(\sqrt{7} - \sqrt{6} + 2 \cdot \sqrt{3}\right)^2$
   f) $\left(\dfrac{1}{\sqrt{2}} + \dfrac{\sqrt{2}}{3}\right) \cdot \left(\dfrac{1}{\sqrt{2}} - \dfrac{\sqrt{2}}{3}\right)$

7. a) $\sqrt{225a^2 + 64a^2}\ \wedge\ a \in R$
   b) $\sqrt{225a^2} + \sqrt{64a^2}\ \wedge\ a \in R$
   c) $\left(\sqrt{225a^2} + \sqrt{64a^2}\right)^2\ \wedge\ a \in R$

8. Erstellen Sie die Definitionsmenge und lösen Sie die Aufgaben.

   a) $\sqrt{-a^2}\ \wedge\ a \in R$
   b) $\sqrt{x - 3} = 0$

9. $\sqrt{ab} = \sqrt{a} \cdot \sqrt{b}\quad \text{für}\quad a\,;b \in R\quad \text{mit}\quad ab \geq 0$
   Ist die obige Festlegung hinreichend, um stets reelle Zahlen zu erhalten?

4 Die quadratische Gleichung

Eine quadratische Gleichung lässt sich wie folgt darstellen:

$$ax^2 + bx + c = 0 \quad \wedge \quad a \neq 0$$

Für alle folgenden Fälle gilt $a\,;\,b\,;\,c \in R$ mit $a \neq 0$, ohne dass ständig daraufhingewiesen wird. Ebenso gelte für die Grundmenge G der Gleichung $ax^2 + bx + c = 0 \wedge a \neq 0$ stets $G \subset R$. Gegebenenfalls wird eine andere Grundmenge G angegeben.

Wir wenden uns nun zunächst verschiedenen Spezialfällen zu und behandeln dann den allgemeinen Fall $ax^2 + bx + c = 0 \wedge a \neq 0$.

4.1 Spezialfall: $a \neq 0 \quad b = c = 0$

Der erste Spezialfall setzt die Koeffizienten des linearen und absoluten Gliedes gleich 0: $a \neq 0 \quad b = c = 0$. Wie sich unschwer erkennen lässt gilt damit:

$$a \neq 0 \quad \wedge \quad b = c = 0 \quad \Rightarrow \quad ax^2 = 0$$

Die Lösung der Gleichung $ax^2 = 0$ ist also: $x = 0$.

Da eine quadratische Gleichung, wie wir später sehen werden, zwei reelle Lösungen besitzen kann, kann man auch sagen, dass es sich um zwei zusammenfallende Lösungen handelt. Wir können somit schreiben: $x_1 = x_2 = 0$

Für die Lösungsmenge der Gleichung $ax^2 = 0$ gilt dann: $L = \{\,0\,\}$

Beispiel 1
$5x^2 = 0$
Somit ist die Lösungsmenge: $L = \{\,0\,\}$.

 Hinweis

Beachten Sie den Unterschied zwischen „Leere Menge" $\{\,\}$ und der Menge mit dem Element $\{\,0\,\}$!

4.2 Spezialfall: $a \neq 0 \quad b = 0 \quad c \neq 0$

Beim zweiten Spezialfall ist der Koeffizient des linearen Gliedes gleich 0, während die andern beiden ungleich 0 sind.

Spezialfälle

$$a \neq 0 \quad b = 0 \quad c \neq 0 \quad \Rightarrow \quad ax^2 + c = 0$$

Wir lösen nun die diese Gleichung.

$ax^2 + c = 0 \mid -c$

$ax^2 = -c \mid \cdot \dfrac{1}{a} \quad mit \quad a \neq 0$

$x^2 = -\dfrac{c}{a} \mid \sqrt{\ } \Rightarrow$

$$ax^2 + c = 0 \quad \wedge \quad a\,;c \neq 0$$

1. Fall: $-\dfrac{c}{a} > 0$	2. Fall: $-\dfrac{c}{a} < 0$
$x_1 = \sqrt{-\dfrac{c}{a}}$ für $-\dfrac{c}{a} > 0 \quad \vee \quad x_2 = -\sqrt{-\dfrac{c}{a}}$ für $-\dfrac{c}{a} > 0$ Wir erhalten dann die folgende Lösungsmenge L: $L = \left\{ \sqrt{-\dfrac{c}{a}}\,; \, -\sqrt{-\dfrac{c}{a}} \right\}$ für $-\dfrac{c}{a} > 0$	Wir erhalten die folgende Lösungsmenge L: $L = \{\ \}$ für $-\dfrac{c}{a} < 0$

Man beachte, dass gilt: $x^2 \geq 0$ *für alle* $x \in R$

Beispiel 2

$5x^2 - 125 = 0 \mid +125$

$5x^2 = 125 \mid \cdot \dfrac{1}{5}$

$x^2 = 25 \mid \sqrt{\ } \quad$ *Es gilt:* $25 \geq 0 \; (1.\,Fall)$

$x_1 = \sqrt{25} \quad \Rightarrow \quad x_1 = 5\,;\; x_2 = -\sqrt{25} \quad \Rightarrow \quad x_2 = -5 \quad \Rightarrow \quad L = \{5\,;-5\}$

Beispiel 3

$x^2 = -16 \quad$ *Es gilt:* $-16 < 0 \; (2.\,Fall) \quad \Rightarrow \quad L = \{\ \}$

Man beachte bei diesem Beispiel: $x^2 \geq 0$ *sowie* $\sqrt{-16} \notin R$

4.3 Spezialfall: $a \neq 0 \quad b \neq 0 \quad c = 0$

Nun sind nur die Koeffizienten, die die Variable enthalten ungleich 0, während das Absolutglied 0 ist.

$a \neq 0 \quad b \neq 0 \quad c = 0 \quad \Rightarrow \quad ax^2 + bx = 0$

Wir lösen nun die obige Gleichung mit der Bedingung für die Koeffizienten:
(Ein Produkt ist Null, wenn ein Faktor Null ist!)

4 Die quadratische Gleichung

$ax^2 + bx = 0$
$\Rightarrow \quad x \cdot (ax + b) = 0$
$\Rightarrow \quad x = 0 \quad \lor \quad ax + b = 0$
$\Rightarrow \quad x_1 = 0 \qquad x_2 = -\dfrac{b}{a}$

Wir erhalten damit die Lösungsmenge L:

$$ax^2 + bx = 0 \quad \Rightarrow \quad L = \left\{0\,;\,-\dfrac{b}{a}\right\} \quad \land \quad a \neq 0$$

Beispiel 4
Denken Sie bei dieser Form von quadratischen Gleichungen immer daran, dass ein Produkt dann Null ist, wenn mindestens ein Faktor Null ist.
$x^2 = x \quad | \; -x \quad$ *Herstellen der Form* $ax^2 + bx = 0$
$x^2 - x = 0$
$x \cdot (x - 1) = 0 \quad \Rightarrow \quad x_1 = 0 \quad \lor \quad x - 1 = 0$
$\Rightarrow \quad x_2 = 1 \quad \Rightarrow \quad L = \{0\,;\,1\}$

Man kann die obige Gleichung $x^2 = x$ auch auf einem anderen Weg lösen. Dann ist allerdings größte Vorsicht geboten, denn es ist immer eine Fallunterscheidung erforderlich!

$x^2 = x \quad \Big| \; \cdot \dfrac{1}{x} \quad$ 1. *Fall für* $\; x \neq 0 \quad$ (*Fallunterscheidung*)
$x_1 = 1 \quad$ *für* $\; x \neq 0$

$x^2 = x \quad |$ 2. *Fall für* $\; x = 0 \quad$ *Einsetzen in* $\quad x^2 = x$
$0^2 = 0 \quad$ *richtige Aussage* $\; \Rightarrow \; x^2 = 0$
$\Rightarrow \quad L = \{0\,;\,1\}$

Da erfahrungsgemäß diese Fallunterscheidung oft vergessen wird, raten wir von dieser Lösungsmethode ab.

4.4 Spezialfall: $a = 1 \quad b \neq 0 \quad c \neq 0$

Hier sind nun alle Koeffizienten ungleich Null, wobei der Koeffizient des quadratischen Gliedes 1 ist.
$a = 1 \quad$ und $\quad b \neq 0, c \neq 0 \quad \Rightarrow \quad x^2 + bx + c = 0$

Faktorenzerlegung

Ist es möglich den Term $x^2 + bx + c$ in Faktoren zu zerlegen, so kann man eine quadratische Gleichung diesen Typs *sehr schnell* lösen. Dieses Verfahren funktioniert jedoch nicht immer.
Kann man eine quadratische Gleichung mittels Faktorenzerlegung nicht lösen, dann ist sie stets mit der Lösungsformel, die im folgenden Abschnitt „Der allgemeine Fall" beschrieben wird, lösbar.

Hinweis: Sollten Sie sich nicht ganz sicher fühlen, dann wiederholen Sie dazu den Abschnitt „Zerlegung der Summe $x^2 + bx + c$ in ihre Faktoren".

Wir wollen dies an vier Beispielen zeigen.

Beispiel 5
$x^2 - 5x - 6 = 0 \Rightarrow (x-6)(x+1) = 0$

Da ein Produkt Null ist, wenn ein Faktor Null ist, erkennen wir die Lösungsmenge L sofort:
$L = \{6\,; -1\}$

Beispiel 6
$x^2 - 16x + 64 = 0$

Hier liegt sogar die 2. Binomische Formel $a^2 - 2ab + b^2 = (a-b)^2$ vor. Wir erhalten damit:
$(x-8)^2 = 0$

Da ein Produkt Null ist, wenn ein Faktor Null ist, erkennen wir die Lösungsmenge L sofort:
$L = \{8\}$

Beachten Sie, dass es hier nur eine Lösung bzw. zwei zusammenfallende Lösungen gibt.

Aufgaben

1. Lösen Sie die Gleichung: $x^2 - x = 30$.
2. Lösen Sie die Gleichung: $\frac{1}{3} \cdot x^2 + \frac{32}{3} = 4x$.

Bemerkungen

Kann man eine quadratische Gleichung mit der Methode der Faktorenzerlegung lösen, dann erhält man sehr schnell die Lösungen. Dies ist der enorme Vorteil dieses Verfahrens.
Es ist also zweckmäßig, wenn der Leser beim Lösen einer quadratischen Gleichung sich zuerst überlegt, welcher Spezialfall vorliegt bzw. mittels welcher Methode er die quadratische Gleichung lösen will.
Natürlich kann man jede quadratische Gleichung mit der Methode, die in dem folgenden Teilkapitel „5. Der allgemeine Fall" nun beschrieben wird, lösen. Wichtig ist aber, dass man eine quadratische Gleichung schnell und sicher lösen kann.

4.5 Der allgemeine Fall

Im allgemeinen Fall gehen wir davon aus, dass zumindest der Koeffizient a beim quadratischen Glied ungleich Null ist:

4 Die quadratische Gleichung

$$ax^2 + bx + c = 0 \quad \wedge \quad a \neq 0$$

Wir wollen nun die Lösung der quadratischen Gleichung $ax^2 + bx + c = 0 \wedge a \neq 0$ herleiten.

$ax^2 + bx + c = 0 \mid -c$

$ax^2 + bx = -c \mid \cdot \dfrac{1}{a} \wedge a \neq 0$

$x^2 + \dfrac{b}{a} \cdot x = -\dfrac{c}{a} \quad \bigg|$ Wir bilden die quadratische Ergänzung.

1. Schritt: $\dfrac{b}{a} \cdot x \mid :x \Rightarrow \dfrac{b}{a}$ — Wir dividieren $\dfrac{b}{a} \cdot x$ durch x und erhalten: $\dfrac{b}{a}$.

2. Schritt: $\dfrac{b}{a} \mid :2 \Rightarrow \dfrac{b}{2a}$ — Wir dividieren $\dfrac{b}{a}$ dann durch 2 und erhalten: $\dfrac{b}{2a}$.

3. Schritt: $\left(\dfrac{b}{2a}\right) \mid ^2 \Rightarrow \left(\dfrac{b}{2a}\right)^2 = \dfrac{b^2}{4a^2}$ — Wir quadrieren $\dfrac{b}{2a}$ und erhalten: $\left(\dfrac{b}{2a}\right)^2 = \dfrac{b^2}{4a^2}$.

Den Ausdruck $\left(\dfrac{b}{2a}\right)^2 = \dfrac{b^2}{4a^2}$ nennt man „Quadratische Ergänzung". Damit können wir die allgemeine Form der quadratischen Gleichung mit der quadratischen Ergänzung zusammenstellen:

$$x^2 + \dfrac{b}{a} \cdot x + \left(\dfrac{b}{2a}\right)^2 = -\dfrac{c}{a} + \dfrac{b^2}{4a^2}$$

Die linke Seite wird nach der 1. Binomischen Formel $a^2 + 2ab + b^2 = (a+b)^2$ umgeschrieben, die rechte Seite wird gleichnamig gemacht und addiert.

$\left(x + \dfrac{b}{2a}\right)^2 = \dfrac{b^2 - 4ac}{4a^2} \quad \bigg| \sqrt{}$

Durch das Radizieren und Umstellen können die beiden Lösungen sofort angegeben werden:

$x_1 + \dfrac{b}{2a} = \dfrac{\sqrt{b^2 - 4ac}}{2a} \quad \vee \quad x_2 + \dfrac{b}{2a} = \dfrac{-\sqrt{b^2 - 4ac}}{2a} \quad \bigg| -\dfrac{b}{2a}$

Wir erhalten somit als Lösungen für die quadratische Gleichung:

$$x_1 = \dfrac{-b + \sqrt{b^2 - 4ac}}{2a} \quad \vee \quad x_2 = \dfrac{-b - \sqrt{b^2 - 4ac}}{2a} \quad \wedge \quad a \neq 0$$

Wir nennen $D = b^2 - 4ac$ die Diskriminante D.

Ist die Diskriminante $D = b^2 - 4ac > 0$, dann erhalten wir zwei reelle Lösungen.
Ist die Diskriminante $D = b^2 - 4ac = 0$, dann erhalten wir eine reelle Lösung.
Ist die Diskriminante $D = b^2 - 4ac < 0$, dann erhalten wir keine reelle Lösung.

Zusammenfassung (Allgemeiner Fall)

Wir erhalten für die quadratische Gleichung

$$ax^2 + bx + c = 0 \quad \wedge \quad a \neq 0$$

die folgenden Lösungen:

1. **Zwei reelle Lösungen** für $D = b^2 - 4ac > 0$ mit der Lösungsmenge:
$$L = \left\{ \frac{-b + \sqrt{b^2 - 4ac}}{2a} ; \frac{-b - \sqrt{b^2 - 4ac}}{2a} \right\} \text{ bzw. } L = \left\{ \frac{-b \pm \sqrt{b^2 - 4ac}}{2a} \right\}$$

2. **Eine reelle Lösung** für $D = b^2 - 4ac = 0$ mit der Lösungsmenge:
$$L = \left\{ -\frac{b}{2a} \right\}$$

3. **Keine reelle Lösung** für $D = b^2 - 4ac < 0$ mit der leeren Lösungsmenge:
$L = \{\ \}$

Wir haben nun die allgemeine Formel für die quadratische Gleichung hergeleitet. Liegt bei einer quadratischen Gleichung kein Spezialfall vor, dann können wir die quadratische Gleichung nur mittels der oben gezeigten Formel lösen. Dabei können wir, wie folgt vorgehen:

1. Möglichkeit (Methode des Koeffizientenvergleichs)

Wir bestimmen die Koeffizienten mittels Koeffizientenvergleich und wenden dann die Lösungsformel an. Dieses Verfahren soll bevorzugt werden.

Beispiel 1 zur Methode des Koeffizientenvergleichs
$8x^2 = -14x + 15$

> Um einen Koeffizientenvergleich durchführen zu können, müssen wir zuerst die richtige Form herstellen. Das heißt, auf der rechten Seite der Gleichung darf nur Null stehen.

4 Die quadratische Gleichung

$8x^2 = -14x + 15 \mid +14x - 15$
$8x^2 + 14x - 15 = 0$
$\updownarrow \quad \updownarrow \quad \updownarrow$
$ax^2 + bx + c = 0 \quad \wedge \quad a \neq 0$
$\Rightarrow \quad a = 8; b = 14; c = -15$

Beachten Sie beim Koeffizientenvergleich unbedingt die Vorzeichen!

Diese Koeffizienten setzen wir nun in die oben hergeleitete Formel ein und erhalten dann die Lösung.

$$x_1 = \frac{-b + \sqrt{b^2 - 4ac}}{2a} \quad \vee \quad x_2 = \frac{-b - \sqrt{b^2 - 4ac}}{2a}$$

Somit erhalten wir für unsere quadratische Gleichung:

$$x_1 = \frac{-14 + \sqrt{14^2 - 4 \cdot 8 \cdot (-15)}}{2 \cdot 8} \; ; \; x_2 = \frac{-14 - \sqrt{14^2 - 4 \cdot 8 \cdot (-15)}}{2 \cdot 8} \Rightarrow L = \left\{\frac{3}{4}; -\frac{5}{2}\right\}$$

Für die Diskriminante gilt: $D = 14^2 - 4 \cdot 8 \cdot (-15) = 676 > 0 \quad \Rightarrow \quad$ zwei reelle Lösungen.

Beispiel 2 zur Methode des Koeffizientenvergleichs
$15x^2 = 17x + 4$

> Um einen Koeffizientenvergleich durchführen zu können, müssen wir wieder zuerst die richtige Form herstellen. Das heißt, auf der rechten Seite der Gleichung darf nur Null stehen.

$15x^2 = 17x + 4 \mid -17x - 4$
$15x^2 - 17x - 4 = 0$
$\updownarrow \quad \updownarrow \quad \updownarrow$
$ax^2 + bx + c = 0 \quad \wedge \quad a \neq 0 \quad \Rightarrow \quad a = 15; b = -17; c = -4$

Es muss unbedingt auf die Vorzeichen beim Koeffizientenvergleich geachtet werden!
Diese Koeffizienten setzen wir nun in die oben hergeleitete Formel ein und erhalten dann die Lösung:

$$x_1 = \frac{-b + \sqrt{b^2 - 4ac}}{2a} \quad \vee \quad x_2 = \frac{-b - \sqrt{b^2 - 4ac}}{2a}$$

Wir erhalten somit als Lösung für unsere quadratische Gleichung:

$$x_1 = \frac{-(-17) + \sqrt{(-17)^2 - 4 \cdot 15 \cdot (-4)}}{2 \cdot 15} \; ; \; x_2 = \frac{-(-17) - \sqrt{(-17)^2 - 4 \cdot 15 \cdot (-4)}}{2 \cdot 15}$$

$\Rightarrow L = \left\{\frac{4}{3}; -\frac{1}{5}\right\}$

Für die Diskriminante gilt: $D = (-17)^2 - 4 \cdot 15 \cdot (-4) = 529 > 0 \quad \Rightarrow \quad$ zwei reelle Lösungen.

Der allgemeine Fall

Aufgaben

3. Lösen Sie die quadratische Gleichung: $x^2 = 36x - 324$
4. Lösen Sie die quadratische Gleichung: $x^2 - 10x = -50$.

Bemerkung

Haben Sie bemerkt, dass bei Aufgabe 3 die erste binomische Formel vorliegt? Man kann diese Gleichung auch schneller und bequemer lösen, wie wir dies nun zeigen:

$x^2 + 36x = -324 \mid +324$
$x^2 + 36x + 324 = 0 \mid$ Formel: $a^2 + 2ab + b^2 = (a+b)^2$
$(x + 18)^2 = 0 \Rightarrow L = \{-18\}$

Auch hier gilt wieder: Ein Produkt ist Null, wenn ein Faktor Null ist.

Hinweis

Der Nachteil der 1. Möglichkeit (Methode des Koeffizientenvergleichs) besteht darin, dass die Lösungsformel auswendig zu lernen ist, es sei denn, eine Formelsammlung darf benutzt werden. Dies ist aber meist der Fall.
Der Vorteil der Methode des Koeffizientenvergleichs besteht darin, dass die Methode schnell und sicher ist. Aus diesem Grund bevorzugen wir diese Methode.

2. Möglichkeit (Methode der quadratischen Ergänzung)

Wir gehen die einzelnen Schritte für die zu lösende quadratische Gleichung durch, wie sie zur Herleitung der Formel der quadratischen Gleichung gezeigt wurden. Dieses Verfahren halten wir für aufwendiger und soll deshalb nur an einigen Beispielen und Aufgaben gezeigt werden.
Vergleichen Sie dazu die Herleitung der Lösungsformel für den allgemeinen Fall.

Beispiel 1 zur Methode der quadratischen Ergänzung
$8x^2 = -14x + 15$

> **Hier** werden die x-Glieder auf die linke Seite der Gleichung und die x-freien Glieder auf die rechte Seite der Gleichung gebracht.

$8x^2 = -14x + 15 \mid +14x$ (Hier wurde gekürzt.)
$8x^2 + 14x = 15 \mid \cdot \frac{1}{8}$

$x^2 + \frac{7}{4} \cdot x = \frac{15}{8} \mid$ (Wir bilden die quadratische Ergänzung („allgemeiner Fall").)

47

4 Die quadratische Gleichung

1. Schritt: $\frac{7}{4} \cdot x \; \Big| \; : x \;\; \Rightarrow \;\; \frac{7}{4}$ *(Wir dividieren $\frac{7}{4} \cdot x$ durch x und erhalten: $\frac{7}{4}$)*

2. Schritt: $\frac{7}{4} \; \Big| \; : 2 \;\; \Rightarrow \;\; \frac{7}{8}$ *(Wir dividieren $\frac{7}{4}$ durch 2 und erhalten: $\frac{7}{8}$)*

3. Schritt: $\left(\frac{7}{8}\right)^2 \;\; \Rightarrow \;\; \left(\frac{7}{8}\right)^2 = \frac{49}{64}$ *(Wir quadrieren $\frac{7}{8}$ und erhalten: $\left(\frac{7}{8}\right)^2 = \frac{49}{64}$)*

Man nennt $\left(\frac{7}{8}\right)^2 = \frac{49}{64}$ die „quadratische Ergänzung". Sie wird auf beiden Seiten der Gleichung addiert.

$$x^2 + \frac{7}{4}x + \left(\frac{7}{8}\right)^2 = \frac{15}{8} + \frac{49}{64}$$

Nun können wir die 1. binomische Formel $a^2 + 2ab + b^2 = (a+b)^2$ anwenden und erhalten:

$$\left(x + \frac{7}{8}\right)^2 = \frac{169}{64} \; \Big| \; \sqrt{}$$

$x_1 + \frac{7}{8} = \frac{13}{8} \;\; \Rightarrow \;\; x_1 = \frac{3}{4} \;\; \vee \;\; x_2 + \frac{7}{8} = -\frac{13}{8} \;\; \Rightarrow \;\; x_2 = -\frac{5}{2} \;\; \Rightarrow \;\; L = \left\{\frac{3}{4}; -\frac{5}{2}\right\}$

Beispiel 2 zur Methode der quadratischen Ergänzung

$15x^2 = 17x + 4$

> Hier werden die x-Glieder auf die linke Seite der Gleichung und die x-freien Glieder auf die rechte Seite der Gleichung gebracht.

$15x^2 = 17x + 4 \; | \; -17x$

$15x^2 - 17x = 4 \; \Big| \; \cdot \frac{1}{15}$ *(Hier wurde gekürzt.)*

$x^2 - \frac{17}{15}x = \frac{4}{15}$ *(Wir bilden die quadratische Ergänzung.)*

1. Schritt: $\frac{17}{15} \cdot x \; \Big| \; : x \;\; \Rightarrow \;\; \frac{17}{15}$ *(Division des linearen Gliedes $\frac{17}{15}x$ durch x.)*

Der allgemeine Fall

2. Schritt: $\dfrac{17}{15} \quad |:2 \quad \Rightarrow \quad \dfrac{17}{30}$ (Division von $\dfrac{17}{15}$ durch 2.)

3. Schritt: $\left(\dfrac{17}{30}\right)^2 \quad \Rightarrow \quad \left(\dfrac{17}{30}\right)^2 = \dfrac{289}{900}$ (Quadrieren von $\dfrac{17}{30}$ zur quadratischen Ergänzung.)

Wir addieren die quadratische Ergänzung zur Gleichung und machen die rechte Seite gleichnamig.

$$x^2 - \dfrac{17}{15}x + \left(\dfrac{17}{30}\right)^2 = \dfrac{4}{15} + \dfrac{289}{900}$$

Wir können nun – Vorzeichen beachten! – die 2. Binomische Formel $a^2 - 2ab + b^2 = (a-b)^2$ anwenden:

$$\left(x - \dfrac{17}{30}\right)^2 = \dfrac{529}{900} \quad | \sqrt{}$$

$x_1 - \dfrac{17}{30} = \dfrac{23}{30} \Rightarrow x_1 = \dfrac{4}{3} \quad \vee \quad x_2 - \dfrac{17}{30} = -\dfrac{23}{30} \Rightarrow x_2 = -\dfrac{1}{5} \Rightarrow L = \left\{\dfrac{4}{3}; -\dfrac{1}{5}\right\}$

Aufgaben

5. Lösen Sie die quadratische Gleichung $x^2 = 28x - 196$.

6. Lösen Sie die quadratische Gleichung $x^2 + 10x = -50$.

Bemerkung

Haben Sie bemerkt, dass bei der Aufgabe 5 die zweite binomische Formel vorliegt? Man hätte diese Gleichung schneller und bequemer wie folgt lösen können.

$x^2 = 28x - 196 \quad | -28x + 196$
$x^2 - 28x + 196 = 0 \quad |$ Formel $\quad a^2 - 2ab + b^2 = (a-b)^2$
$(x - 14)^2 = 0 \quad \Rightarrow \quad L = \{14\}$

5 Weiteres zu quadratischen Gleichungen

Bevor mit weiteren Ausführungen zu quadratischen Gleichungen begonnen wird, soll zuerst eine Zusammenfassung der verschiedenen Spezialfälle als Überblick gegeben werden. Machen Sie sich die Zusammenhänge klar, dann ist ein „Auswendiglernen" überflüssig.

5.1 Zusammenfassung

$$ax^2 + bx + c = 0 \quad \wedge \quad a \neq 0$$

Spezialfall

$a \neq 0 \quad b = c = 0 \quad \Rightarrow \quad ax^2 = 0 \quad \Rightarrow \quad L = \{0\}$

Spezialfall

$a \neq 0 \quad b = 0 \quad c \neq 0 \quad \Rightarrow \quad ax^2 + c = 0 \quad \Rightarrow$

$L = \left\{ \sqrt{-\dfrac{c}{a}} \; ; \; -\sqrt{-\dfrac{c}{a}} \right\}$ für $-\dfrac{c}{a} > 0$

oder $L = \{\ \}$ für $-\dfrac{c}{a} < 0$

Spezialfall

$a \neq 0 \quad b \neq 0 \quad c = 0 \quad \Rightarrow \quad ax^2 + bx = 0 \quad \Rightarrow \quad L = \left\{ 0 \; ; \; -\dfrac{b}{a} \right\}$

Spezialfall

$a = 1 \quad b \neq 0 \quad c \neq 0 \quad \Rightarrow \quad x^2 + bx + c = 0$ Faktorenzerlegung, falls möglich

$x^2 + bx + c = 0 \quad \xrightarrow{\text{Faktorenzerlegung, falls möglich}} \quad (x + \alpha)(x + \beta)$

mit $b = \alpha + \beta \quad c = \alpha\beta \quad \Rightarrow \quad L = \{-\alpha \; ; -\beta\}$

Der allgemeine Fall (Koeffizientenvergleich oder quadratische Ergänzung)

$a \neq 0 \quad \Rightarrow \quad ax^2 + bx + c = 0 \quad D = b^2 - 4ac$ nennt man Diskriminante

$L = \left\{ \dfrac{-b + \sqrt{b^2 - 4ac}}{2a} \; ; \; \dfrac{-b - \sqrt{b^2 - 4ac}}{2a} \right\}$ für $D = b^2 - 4ac > 0$ zwei reelle Lösungen.

$L = \left\{ -\dfrac{b}{2a} \right\}$ für $D = b^2 - 4ac = 0$ eine reelle Lösung.

$L = \{\ \}$ für $D = b^2 - 4ac < 0$ keine reelle Lösung.

5.2 Weitere Beispiele zur quadratischen Gleichung

Wir wollen hier einige weitere Beispiele zu quadratischen Gleichungen zeigen. Dabei wird vermittelt, dass man eine quadratische Gleichung mit der oben gezeigten Formel immer lösen kann. Liegen aber Spezialfälle vor, wie oben schon gezeigt, so erweist sich das Lösen mit der Formel oft als zeitaufwendiger.
Wir stellen auch die Methode des Koeffizientenvergleichs der Methode der quadratischen Ergänzung an einigen Beispielen gegenüber, damit Vor- und Nachteile dieser Verfahren offensichtlich werden.

> Die Leserin / der Leser soll sich also immer überlegen welche Methode die angenehmste und schnellste ist, bevor sie / er zu rechnen beginnt.

Beispiel 1
Lösungsmöglichkeiten durch:

a) Ausklammern	b) Faktorenzerlegung
$(x-5)(x-3) = (x-3)$ $\mid -(x-3)$ $(x-5)(x-3) - (x-3) = 0$ $\mid$ Ausklammern von $(x-3)$ $(x-3)[(x-5)-1] = 0$ Man achte auf „-1"! $(x-3)(x-6) = 0$ Ein Produkt ist Null, wenn ein Faktor Null ist. $L = \{3\,;\,6\}$	$(x-5)(x-3) = (x-3)$ $x^2 - 8x + 15 = x - 3$ $\mid -x+3$ $x^2 - 9x + 18 = 0$ $(x-3)(x-6) = 0$ Ein Produkt ist Null, wenn ein Faktor Null ist. $L = \{3\,;\,6\}$

c) Koeffizientenvergleich	d) quadratische Ergänzung
$(x-5)(x-3) = (x-3)$ $x^2 - 8x + 15 = x - 3$ $\mid -x+3$ $x^2 - 9x + 18 = 0$ $\mid a=1 \quad b=-9 \quad c=18$ Formel $\quad x_{1;\,2} = \dfrac{-b \pm \sqrt{b^2 - 4ac}}{2a}$ $x_1 = \dfrac{-(-9) + \sqrt{(-9)^2 - 4 \cdot 1 \cdot 18}}{2 \cdot 1}$ $\Rightarrow \quad x_1 = 6$ $x_2 = \dfrac{-(-9) - \sqrt{(-9)^2 - 4 \cdot 1 \cdot 18}}{2 \cdot 1}$ $\Rightarrow \quad x_2 = 3$ $L = \{3\,;\,6\}$	$(x-5)(x-3) = (x-3) \Rightarrow$ $x^2 - 9x + 18 = 0$ $\mid -18$ $x^2 - 9x \quad\quad = -18$ $\mid$ quadrat. Ergänzung $x^2 - 9x + \left(\dfrac{9}{2}\right)^2 = -18 + \dfrac{81}{4}$ $\left(x - \dfrac{9}{2}\right)^2 = \dfrac{9}{4}$ $\mid \sqrt{}$ $\Rightarrow \quad x_1 = \dfrac{3}{2} + \dfrac{9}{2} \Rightarrow x_1 = 6$ $\Rightarrow \quad x_2 = -\dfrac{3}{2} + \dfrac{9}{2} \Rightarrow x_2 = 3$ $L = \{3\,;\,6\}$

5 Weiteres zur quadratischen Gleichung

Beispiel 2
Lösungsmöglichkeiten

a) nach Spezialfall $a \neq 0$; $b \neq 0$; $c = 0$	b) durch Koeffizientenvergleich
$x^2 + 5x = 0$ $\Rightarrow x \cdot (x + 5) = 0$ $\Rightarrow L = \{0 \, ; -5\}$	$x^2 + 5x = 0 \quad \mid \quad a = 1 \quad b = 5 \quad c = 0$ Formel $x_{1;\,2} = \dfrac{-b \pm \sqrt{b^2 - 4ac}}{2a}$ $x_1 = \dfrac{-5 + \sqrt{5^2 - 4 \cdot 1 \cdot 0}}{2 \cdot 1} \quad \Rightarrow \quad x_1 = 0$ $x_2 = \dfrac{-5 - \sqrt{5^2 - 4 \cdot 1 \cdot 0}}{2 \cdot 1} \quad \Rightarrow \quad x_2 = -5$ $L = \{0 \, ; -5\}$

Auf die Methode der quadratischen Ergänzung verzichten wir.

Beispiel 3
Lösungsmöglichkeiten

a) nach Spezialfall $a \neq 0$; $c \neq 0$; $b = 0$	b) durch Koeffizientenvergleich
$x^2 = -81$ Wegen $x^2 \geq 0$ sowie $\sqrt{-81} \notin R$ $\Rightarrow L = \{\ \}$	$x^2 = -81 \quad \mid \quad +81$ $x^2 + 81 = 0 \quad \mid \quad a = 1 \quad b = 0 \quad c = 81$ Formel $x_{1;\,2} = \dfrac{-b \pm \sqrt{b^2 - 4ac}}{2a}$ $x_1 = \dfrac{-0 + \sqrt{0^2 - 4 \cdot 1 \cdot 81}}{2 \cdot 1} \quad \bigg\vert \quad D = -324 < 0$ Somit keine reelle Lösung. $x_2 = \dfrac{-0 - \sqrt{0^2 - 4 \cdot 1 \cdot 81}}{2 \cdot 1} \quad \bigg\vert \quad D = -324 < 0$ $\Rightarrow L = \{\ \}$

Aufgaben

1. Lösen Sie folgende quadratische Gleichung
    a) mit der Binomischen Formel,
    b) durch Koeffizientenvergleich,
    c) durch quadratische Ergänzung.
    $9x^2 - 36x + 36 = 0$

2. Lösen Sie folgende quadratische Gleichung
   a) durch Koeffizientenvergleich,
   b) durch quadratische Ergänzung.
   $4x^2 + 4x - 3 = 0$

3. Lösen Sie folgende quadratische Gleichung
   a) durch Koeffizientenvergleich,
   b) durch quadratische Ergänzung.
   $4x^2 - 12x + 9 = 0$

4. Lösen Sie die folgende quadratische Gleichung
   a) durch Koeffizientenvergleich,
   b) durch quadratische Ergänzung.
   $x^2 - x + 10 = 0$

Hinweis:

Wenn Sie zusätzlich noch üben wollen, so können Sie bei den obigen Aufgaben die anderen Lösungsmöglichkeiten jeweils selbstständig durchrechnen.

5.3 Die reduzierte Form

Des Öfteren wird in den Mathematikbüchern die Lösung einer quadratischen Gleichung mittels der reduzierten Form dargestellt. Wir wollen deshalb diese hier aufbereiten.

Gegeben sei die quadratische Gleichung
$ax^2 + bx + c = 0 \quad \wedge \quad a\,;\,b\,;\,c \in R \quad \wedge \quad a \neq 0$

Durch beidseitige Multiplikation dieser quadratischen Gleichung mit dem Faktor $\frac{1}{a} \wedge a \neq 0$ erhalten wir dann:

$x^2 + \frac{b}{a} \cdot x + \frac{c}{a} = 0$

Wir setzen nun $p = \frac{b}{a}$ sowie $q = \frac{c}{a}$, dann können wir schreiben:

$x^2 + px + q = 0 \quad \wedge \quad p\,;\,q \in R \quad \leftarrow$ Man nennt diese Form „die reduzierte Form".

Es ist dabei unbedingt darauf zu achten, dass der Koeffizient des quadratischen Gliedes bei der reduzierten Form immer 1 ist! Die Lösung der reduzierten Form lautet dann mit diesen Umbenennungen in p und q:

$$x_{1;\,2} = \frac{-p \pm \sqrt{p^2 - 4q}}{2} \quad \text{mit der Diskriminante } D^* = p^2 - 4q$$

Die Herleitung der obigen Formel wird als Aufgabe gestellt.

5 Weiteres zur quadratischen Gleichung

Auch hier gilt:

> Ist die Diskriminante $D^* = p^2 - 4q > 0$, dann erhalten wir zwei reelle Lösungen.
> Ist die Diskriminante $D^* = p^2 - 4q = 0$, dann erhalten wir eine reelle Lösung.
> Ist die Diskriminante $D^* = p^2 - 4q < 0$, dann erhalten wir keine reelle Lösung.

Der Nachteil im Rechnen mit der reduzierten Form liegt darin, dass die quadratische Gleichung zuerst auf die reduzierte Form gebracht werden muss.

■ Besonders wichtig ist, dass der Koeffizient bei x^2 die Zahl 1 ist.

Dies wird leider meist vergessen. Deshalb zeigen wir auch nur zwei Beispiele zur reduzierten Form.

Beispiel 1 zur reduzierten Form

$2x^2 - 4x - 30 = 0 \quad | \cdot \frac{1}{2} \quad \Rightarrow \quad x^2 - 2x - 15 = 0$

Koeffizientenvergleich: $x^2 + px + q = 0 \quad \Rightarrow \quad p = -2 \quad q = -15$

Denken Sie daran, dass der Koeffizient des quadratischen Gliedes immer 1 sein muss!

Wir erhalten dann:

$x_1 = \dfrac{-(-2) + \sqrt{(-2)^2 - 4 \cdot (-15)}}{2} \quad \Rightarrow \quad x_1 = 5 \quad \Big| \quad x_1 = \dfrac{-p + \sqrt{p^2 - 4q}}{2}$

$x_2 = \dfrac{-(-2) - \sqrt{(-2)^2 - 4 \cdot (-15)}}{2} \quad\quad x_2 = -3 \quad \Big| \quad x_2 = \dfrac{-p - \sqrt{p^2 - 4q}}{2}$

$\Rightarrow L = \{-3\,;\,5\}$

Oder Faktorenzerlegung:
$2x^2 - 4x - 30 = 0 \quad | \;\; : 2$
$\Rightarrow \quad x^2 - 2x - 15 = 0 \quad \Rightarrow \quad (x-5)(x+3) = 0$
$\Rightarrow \quad L = \{-3\,;\,5\}$

Beispiel 2 zur reduzierten Form

$2x^2 - 3x - 2 = 0 \quad \Big| \cdot \frac{1}{2} \quad \Rightarrow \quad x^2 - \frac{3}{2} \cdot x - 1 = 0$

Koeffizientenvergleich: $x^2 + px + q = 0 \quad \Rightarrow \quad p = -\frac{3}{2} \quad q = -1$

Wir erhalten dann:

$x_1 = \dfrac{-\left(-\frac{3}{2}\right) + \sqrt{\left(-\frac{3}{2}\right)^2 - 4 \cdot (-1)}}{2} \quad \Rightarrow \quad x_1 = 2 \quad \Big| \quad x_1 = \dfrac{-p + \sqrt{p^2 - 4q}}{2}$

$x_2 = \dfrac{-\left(-\frac{3}{2}\right) - \sqrt{\left(-\frac{3}{2}\right)^2 - 4 \cdot (-1)}}{2} \quad \Rightarrow \quad x_2 = -\frac{1}{2} \quad \Big| \quad x_2 = \dfrac{-p - \sqrt{p^2 - 4q}}{2}$

$L = \left\{-\dfrac{1}{2}\,;\,2\right\}$

5.4 Die quadratische Gleichung mit einer Formvariablen

Sehr beliebt in Prüfungsaufgaben oder Klassenarbeiten sind quadratische Gleichungen mit einer Formvariablen. Meist wird sie k genannt. An diese Formvariablen sind oft Bedingungen geknüpft, die meist in der Diskriminante bestimmt werden müssen.

Gegeben ist die quadratische Gleichung $x^2 = kx + x - k \;\wedge\; k \in \mathbb{R}$

- Beachten Sie, dass die Formvariable k die Anzahl der Lösungen bestimmt!

Wir stellen zuerst die Form $ax^2 + bx + c = 0 \;\wedge\; a \neq 0$ her und führen dann einen Koeffizientenvergleich durch.

$x^2 = kx + x - k \quad | \; -kx - x + k$

Vorsicht: Beim Ausklammern auf das Minuszeichen achten!

$x^2 - kx - x + k = 0$

$x^2 + x \cdot (-k - 1) + k = 0 \quad |$

Koeffizientenvergleich:
$ax^2 + bx + c = 0 \;\wedge\; a \neq 0$
$a = 1 \,;\, b = -k - 1 \,;\, c = k$

$x_{1;2} = \dfrac{-(-k-1) \pm \sqrt{(-k-1)^2 - 4 \cdot 1 \cdot k}}{2 \cdot 1} \;\Rightarrow\; x_{1;2} = \dfrac{k + 1 \pm \sqrt{k^2 + 2k + 1 - 4k}}{2}$

Es gilt: $(-a-b)^2 = (a+b)^2 \;\Rightarrow\;$

$x_{1;2} = \dfrac{k + 1 \pm \sqrt{k^2 - 2k + 1}}{2}$

Formel: $a^2 - 2ab + b^2 = (a-b)^2$

Wegen $\sqrt{a}$ definiert für $a \in \mathbb{R}_0^+$ ist eine Fallunterscheidung erforderlich!

$x_{1;2} = \dfrac{k + 1 \pm \sqrt{(k-1)^2}}{2}$

Man beachte, dass gilt: $(k-1)^2 \geq 0$

$L = \left\{ \dfrac{k + 1 + \sqrt{(k-1)^2}}{2} \,;\, \dfrac{k + 1 - \sqrt{(k-1)^2}}{2} \right\}$ zwei reelle Lösungen für $k \in \mathbb{R} \setminus \{1\}$

$\Rightarrow\; L = \{k \,;\, 1\}$ zwei reelle Lösungen für $k \in \mathbb{R} \setminus \{1\}$
$\Rightarrow\; L = \{1\}$ eine reelle Lösung für $k = 1$

Bemerkung

Bevor wir zum Thema „quadratische Gleichungen" noch einige Übungsaufgaben stellen, wird zuerst noch der „Satz von Vieta" aufbereitet, da er auch eine schnelle Lösungsmöglichkeit bei quadratischen Gleichungen bietet.

5 Weiteres zur quadratischen Gleichung

5.5 Der Satz von Vieta

Gegeben sei die quadratische Gleichung $ax^2 + bx + c = 0 \wedge a; b; c \in R \wedge a \neq 0$ und es gelte: $D = b^2 - 4ac \geq 0$, dann erhalten wir, wie oben schon dargelegt, die beiden Lösungen:

$$x_1 = \frac{-b + \sqrt{b^2 - 4ac}}{2a} \quad \vee \quad x_2 = \frac{-b - \sqrt{b^2 - 4ac}}{2a} \quad \wedge \quad a \neq 0$$

Dann gilt:

$$x_1 + x_2 = -\frac{b}{a} \quad x_1 \cdot x_2 = \frac{c}{a} \quad \wedge \quad a \neq 0$$

Behauptung: $x_1 + x_2 = -\frac{b}{a}$

Beweis: $x_1 + x_2 = \frac{-b + \sqrt{b^2 - 4ac}}{2a} + \frac{-b - \sqrt{b^2 - 4ac}}{2a} \Rightarrow x_1 + x_2 = \frac{-2b}{2a} \Rightarrow x_1 + x_2 = -\frac{b}{a}$

Dies war zu beweisen.

Behauptung: $x_1 \cdot x_2 = \frac{c}{a}$

Beweis: $x_1 \cdot x_2 = [-1] \cdot \left[\frac{b - \sqrt{b^2 - 4ac}}{2a}\right] \cdot [-1] \cdot \left[\frac{b + \sqrt{b^2 - 4ac}}{2a}\right] \Rightarrow$

Formel: $(a - b) \cdot (a + b) = a^2 - b^2$

$x_1 \cdot x_2 = \frac{b^2 - (b^2 - 4ac)}{4a^2} \Rightarrow x_1 \cdot x_2 = \frac{4ac}{4a^2} \Rightarrow x_1 \cdot x_2 = \frac{c}{a}$

Damit ist der Satz von Vieta vollständig bewiesen.

Beispiel

$x^2 - kx - 3x + 3k = 0 \Rightarrow$ Durch Ausklammern beim linearen Glied:
$x^2 + x \cdot (-k - 3) + 3k = 0$

Es erfolgt nun der Koeffizientenvergleich mit: $ax^2 + bx + c = 0 \wedge a \neq 0$
Wieder muss bei den Vorzeichen aufgepasst werden, damit das Minuszeichen nicht „verloren" geht!
$\Rightarrow \quad a = 1 \quad b = -k - 3 \quad c = 3k$
$\Rightarrow \quad -\frac{b}{a} = -\frac{-k - 3}{1} \quad \Rightarrow \quad -\frac{b}{a} = k + 3$

 Hinweis:

Beachten Sie: Ein Bruch hat Klammerwirkung!
$\Rightarrow \quad \frac{c}{a} = \frac{3k}{1} \quad \Rightarrow \quad \frac{c}{a} = 3k$

Wir lösen nun die obige quadratische Gleichung mittels Faktorenzerlegung.

$x^2 - kx - 3x + 3k = 0 \Rightarrow (x-k)(x-3) = 0$

$\Rightarrow x_1 = k \lor x_2 = 3 \Rightarrow x_1 + x_2 = k + 3 \Rightarrow x_1 + x_2 = k + 3 = -\dfrac{b}{a}$

und $x_1 \cdot x_2 = k \cdot 3 \Rightarrow x_1 \cdot x_2 = 3k = \dfrac{c}{a}$

Für die reduzierte Form $x^2 + px + q = 0$ mit $D^* = p^2 - 4q \geq 0 \land p; q \in R$ gilt in völliger Analogie:

$$x_1 = \frac{-p + \sqrt{p^2 - 4q}}{2} \lor x_2 = \frac{-p - \sqrt{p^2 - 4q}}{2}$$

Dann gilt:

$$x_1 + x_2 = -p \qquad x_1 \cdot x_2 = q$$

5.6 Aufgaben: Quadratische Gleichungen

5. a) $x^2 + k = 0$ mit $k \in R$. Für welche k gibt es zwei, eine oder keine reelle Lösung?
   b) $x^2 - x = 0$ c) $(x-7)(x+3) = 0$

6. a) $(x-3)(x+5) - (x-3) = 0$ b) $(x-1) - x \cdot (x+2) = 0$

7. a) $x^2 - 5x + 6 = 0$ b) $x^2 + 5x + 6 = 0$
   c) $x^2 - 5x - 6 = 0$ d) $x^2 = -x$

8. a) $160x^2 - 320x + 160 = 0$ b) $x^2 - 14x + 49 = 0$
   c) $x \cdot (x-1) - x^2 + x = 0$ d) $x^2 - 8x + 40 = 0$
   e) $x^2 - 20x + 100 = 0$ f) $x^2 - \sqrt{3} = 0$

9. a) $x^2 - a^2 - 1 = 0$ mit $a \in R$. Für welche $a \in R$ gibt es zwei, eine oder keine reelle Lösung?

10. a) $28x^2 - 37x + 12 = 0$ b) $x^2 - x \cdot \sqrt{5} = 10$

11. a) $x^2 + rx + sx + rs = 0$ und es gelte: $r > s$ mit $r; s \in R$.
    b) $x^2 + x + rx + r = 0$ mit $r \in R$ c) $x^2 + rx - x - r = 0$ mit $r \in R$
    d) $x^2 - 2x \cdot \sqrt{r} - 3r = 0$ mit $r \in R_0^+$

12. Erstellen Sie eine quadratische Gleichung mit den folgenden Lösungen:
    a) $x_1 = 5 \quad x_2 = -1$ b) $x_1 = 0 \quad x_2 = -1$
    c) $x_1 = x_2 = 5$

5 Weiteres zur quadratischen Gleichung

13. Für welche $k \in R$ gibt es eine, zwei oder keine reelle Lösungen?
    a) $x^2 - kx - 2x + 4 = 0$ mit $k \in R$ b) $x^2 - kx + 4x - 2k = 0$ mit $k \in R$
    c) $x^2 - x - 5 + k = 0$ mit $k \in R$

14. Für welche $k \in R \setminus \{0\}$ gibt es eine reelle Lösung?
    $kx^2 - x + k = 0$ mit $k \in R \setminus \{0\}$

15. Die reduzierte Form der quadratischen Gleichung lautet: $x^2 + px + q = 0$.
    Zeigen Sie mittels der Lösung $x_{1;2} = \dfrac{-b \pm \sqrt{b^2 - 4ac}}{2a}$ der quadratischen Gleichung $ax^2 + bx + c = 0 \;\wedge\; a \neq 0$ die Richtigkeit der Lösung $x_{1;2} = \dfrac{-p \pm \sqrt{p^2 - 4q}}{2}$ der quadratischen Gleichung der reduzierten Form.

16. a) $(x-2)(x-3)(x+5) = x^3 + (x-2)(x-5) - 12 - 8x$
    b) $\dfrac{1}{x-8} = \dfrac{33}{x+2} - \dfrac{8}{x-5}$ c) $\dfrac{10}{x+8} = \dfrac{8}{x+2} - \dfrac{5}{x+3}$

Die folgende Aufgabe 17 ist mit dem Satz von Vieta zu lösen.

17. a) Gegeben sei die reduzierte Form $x^2 + px + q = 0$ mit $D^* = p^2 - 4q \geq 0$.
    Beweisen Sie, dass dann gilt: $x_1 + x_2 = -p$ sowie $x_1 \cdot x_2 = q$.
    b) Gegeben ist die quadratische Gleichung $ax^2 + bx + c = 0 \;\wedge\; a \neq 0$.
    Gegeben: $a = 4$; $b = 4$; $x_1 = \dfrac{1}{2}$
    Gesucht: c ; x_2
    c) Gegeben ist die quadratische Gleichung $ax^2 + bx + c = 0 \;\wedge\; a \neq 0$.
    Gegeben: $a = 3$; $c = -10$; $x_1 = 5$
    Gesucht: b ; x_2
    d) Gegeben ist die quadratische Gleichung $ax^2 + bx + c = 0 \;\wedge\; a \neq 0$.
    Gegeben: $b = -5$; $c = -2$; $x_1 = 2$ und es gelte $x_2 \neq -2 \;\wedge\; x_2 \neq 0$.
    Gesucht: a ; x_2

Die folgenden Aufgaben werden mithilfe der Methode der quadratischen Ergänzung gelöst. Wer sich noch an der Methode des Koeffizientengleichs verbessern möchte, kann diese Aufgaben ebenso lösen und dann die Ergebnisse vergleichen.

18. a) $x^2 - x - 72 = 0$ b) $x^2 - 2x - 48 = 0$
    c) $15x^2 - 11x + 2 = 0$ d) $2x^2 - 17x + 35 = 0$
    e) $15x^2 - 31x + 14 = 0$ f) $x^2 - 7x = -20$

19. a) $x^2 + 2x = 0$ b) $x^2 + kx - 7x - 8k - 8 = 0$
    c) $x^2 - 2sx + 2rx - 4rs = 0$

20. a) $x^2 - sx = 6s^2$ b) $x^2 - 8sx + 16s^2 = 0$
    c) $x^2 + 2kx + lx + k^2 + kl = 0$ d) $x^2 - 5kx \cdot \sqrt{3} - x \cdot \sqrt{3} + 15k = 0$

6 Die Gleichungen 3. und 4. Grades

Die Gleichung 3. Grades

Eine Gleichung 3. Grades lässt sich wie folgt darstellen:

$$ax^3 + bx^2 + cx + d = 0 \quad \wedge \quad a \neq 0$$

Für alle folgenden Fälle gilt: $a\,;b\,;c\,;d \in R$ mit $a \neq 0$, ohne dass ständig darauf hingewiesen wird. Ebenso gelte für die Grundmenge G der Gleichung $ax^3 + bx^2 + cx + d = 0 \quad \wedge \quad a \neq 0$ stets $G \subset R$. Wird eine andere Grundmenge benutzt, so wird sie dann angegeben.

Wir betrachten hier nur den Spezialfall für $d = 0$. Wir erhalten dann stets die folgende Gleichung 3. Grades:

$$ax^3 + bx^2 + cx = 0 \quad \wedge \quad a \neq 0$$

Wie sofort zu erkennen ist, kann man bei diesem Spezialfall immer x ausklammern. Wir erhalten dann: $x \cdot (ax^2 + bx + c) = 0$.

Da ein Produkt stets Null ist, wenn ein Faktor Null ist, ist bei diesem Spezialfall immer eine Lösung Null. Der in der Klammer stehende Term $(ax^2 + bx + c) = 0$ wird dann genauso wie eine quadratische Gleichung gelöst. Dies wurde oben ausführlich gezeigt.

Beispiel 1
$x^3 - x^2 - 56\,x = 0$
$\Rightarrow \quad x \cdot (x^2 - x - 56) = 0 \quad \Rightarrow \quad x \cdot (x - 8) \cdot (x + 7) = 0 \quad \Rightarrow \quad L = \{0\,;8\,;-7\}$

Wir haben hier die quadratische Gleichung $x^2 - x - 56 = 0$ mittels Faktorenzerlegung gelöst. Natürlich hätte man die quadratische Gleichung auch mit der Lösungsformel lösen können.

Die Gleichung 4. Grades

Eine Gleichung 4. Grades lässt sich wie folgt darstellen:

$$ax^4 + bx^3 + cx^2 + dx + e = 0 \quad \wedge \quad a \neq 0$$

Für alle folgenden Fälle gilt: $a\,;b\,;c\,;d\,;e \in R$ mit $a \neq 0$, ohne dass ständig darauf hingewiesen wird. Ebenso gelte für die Grundmenge G der Gleichung $ax^4 + bx^3 + cx^2 + dx + e = 0 \quad \wedge \quad a \neq 0$
stets $G \subset R$. Wird eine andere Grundmenge benutzt, so wird sie dann angegeben.

6 Die Gleichungen 3. und 4. Grades

Wir betrachten hier nur den Spezialfall für $b=d=0$. Wir erhalten dann stets die folgende Gleichung 4. Grades:

$$ax^4 + cx^2 + e = 0 \quad \wedge \quad a \neq 0$$

Diesen Spezialfall einer Gleichung 4. Grades können wir mittels einer Substitution lösen.

Beispiel 2
$x^4 - 13x^2 + 36 = 0$

Wir setzen: $y = x^2 \Rightarrow y^2 = x^4$
Damit erhalten wir die neue quadratische Gleichung:
$y^2 - 13y + 36 = 0 \Rightarrow (y-4)(y-9) = 0 \Rightarrow y_1 = 4 ; y_2 = 9$
$x^2 = y_1 = 4 \Rightarrow x_1 = 2 ; x_2 = -2 \quad x^2 = y_2 = 9 \Rightarrow x_3 = 3 ; x_4 = -3$
$L = \{2 ; -2 ; 3 ; -3\}$

Wir haben hier die quadratische Gleichung $y^2 - 13y + 36 = 0$ mittels Faktorenzerlegung gelöst. Natürlich hätte man diese quadratische Gleichung auch mit der bekannten Lösungsformel lösen können.
Es sei darauf hingewiesen, dass es Gleichungen 4. Grades gibt, die mittels Faktorenzerlegung lösbar sind. Wenn dies möglich ist, ist das – wie schon bei den quadratischen Gleichungen beschrieben – ein sehr schnelles Verfahren. Wir werden in den folgenden Aufgaben regen Gebrauch von der Faktorenzerlegung machen.

Die Faktorenzerlegung einer Gleichung 4. Grades sei an dem folgenden Beispiel gezeigt.

Beispiel 3
$x^4 - 10x^2 + 9 = 0$
$\Rightarrow (x^2 - 9)(x^2 - 1) = 0 \Rightarrow$ Formel: $(a-b)(a+b) = a^2 - b^2$
$(x-3)(x+3)(x-1)(x+1) = 0 \Rightarrow L = \{3 ; -3 ; 1 ; -1\}$

Wir wollen noch einen „Typ" von Gleichungen zeigen, die mittels Substitution auf eine quadratische Gleichung zurückzuführen ist.

Beispiel 4
Hinweis: Hier muss wegen der Wurzel eine Definitionsmenge festgelegt werden. Denn: $\sqrt{a}$ ist nur mit $a \in R_0^+$ definiert.
$3x + \sqrt{x} - 30 = 0 \quad D = R_0^+$
Sei $y = \sqrt{x} \Rightarrow y^2 = x$
$\Rightarrow 3y^2 + y - 30 = 0 \Rightarrow a = 3 ; b = 1 ; c = -30$
Formel: $y_{1;2} \dfrac{-b \pm \sqrt{b^2 - 4ac}}{2a}$ und $y_1 = \dfrac{-1 \pm \sqrt{1^2 - 4 \cdot 3 \cdot (-30)}}{2 \cdot 3}$
$\Rightarrow y_1 = 3 ; y_2 = -\dfrac{10}{3}$

Nun müssen wir die Substitution wieder auflösen. Achtung: Definitionsmenge beachten!

$\sqrt{x} = 3 \Rightarrow x = 9$; $\sqrt{x} = -\frac{10}{3}$ Dies ist wegen der Definitionsmenge keine Lösung!
$\Rightarrow L = \{9\}$

Aufgaben: Gleichungen 3. und 4. Grades

1. a) $x^3 - 7x^2 + 12x = 0$ b) $x^3 - 9x^2 + 20x = 0$
   c) $2x^3 - 17x^2 + 21x = 0$ d) $3x^3 - 8x^2 + 5x = 0$

2. a) $x^3 - 8x^2 = -16x$ b) $x^3 = 6x^2 - 36x$
   c) $x^3 - x^2 = 0$ d) $x^3 = x$

3. a) $2x^3 + 7x^2 = 0$ b) $x^3 - 6x = 0$
   c) $x^3 - kx^2 - lx^2 + klx = 0$ d) $x^3 - kx^2 - x^2 + kx = 0$

4. a) $x^4 - 20x^2 + 64 = 0$ b) $x^4 = 5x^2 - 4$
   c) $x^4 + 34x^2 = -225$ d) $x^4 - 5x^2 - 36 = 0$

5. a) $x^4 - 3x^2 = 4$ b) $x^4 = x^3$
   c) $x^4 = -16x^2$ d) $x^4 - 25x^2 = 0$

6. a) $x^4 + 2kx^2 + x^2 + 2k = 0$ b) $x^4 + 6kx^2 + 2x^2 + 12k = 0$
   c) $x^4 + k^2x^2 + kx^2 + k^3 = 0$

7. a) $x^4 + 81 = 0$ b) $x^4 - 81 = 0$
   c) $12x^4 - 17x^2 - 5 = 0$ d) $5x + 3 \cdot \sqrt{x} - 92 = 0$

8. a) $x = \sqrt{x}$ b) $\sqrt{x} = \frac{x}{\sqrt{x}}$

7 Die Quadratfunktion

7.1 Was ist eine Funktion?

Wir wollen an dieser Stelle nochmals den Begriff der Funktion wiederholen, damit die weiteren Ausführungen auf der richtigen Grundlage erfolgen können.

> Sei D die Definitionsmenge und W die Wertemenge. Wir nennen eine Relation dann Funktion, wenn gilt:
> Für alle $x \in D$ existiert genau ein $y \in W$.

Anschaulich können wir dies so ausdrücken:
Jede Parallele zur y-Achse in einem kartesischen Koordinatensystem darf den Graph der Funktion höchstens einmal schneiden.

Beispiel 1

Diese völlig willkürlich herausgegriffene Parallele zur y-Achse schneidet den Graph mehr als einmal.

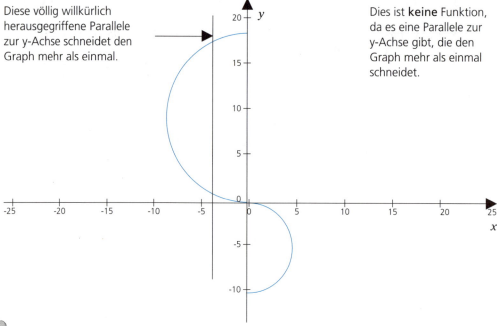

Dies ist **keine** Funktion, da es eine Parallele zur y-Achse gibt, die den Graph mehr als einmal schneidet.

 **Bemerkung**

Natürlich sind die in dem folgenden Abschnitt „Die Quadratfunktion" gezeigten Relationen stets Funktionen.

Zum Schluss soll eine oft verwendete Schreibweise gezeigt werden.

Gegeben sei die folgende Funktion:
$y = f(x) = 5x^2 - 10x + 3$
Wir berechnen nun $f(3)$:
$y = f(3) = 5 \cdot 3^2 - 10 \cdot 3 + 3 \quad \Rightarrow \quad y = f(3) = 18$

Dies bedeutet, dass hier, $x = 3$ in die obige Funktion $y = f(x) = 5x^2 - 10x + 3$ eingesetzt werden muss. Die oben gezeigte Schreibweise wird in weiteren Abschnitten sehr oft verwendet.

7.2 Die Quadratfunktion

Für die Quadratfunktion gilt:

$$y = ax^2 + bx + c \quad \wedge \quad a \neq 0$$

Der Graph der Quadratfunktion ist eine Parabel.

Wir wenden uns nun zunächst den folgenden Spezialfällen zu und behandeln dann den allgemeinen Fall $y = ax^2 + bx + c \quad \wedge \quad a \neq 0$.

Bei allen Darstellungen gelte: $D \subset R$, falls nichts anderes festgelegt wurde. Ebenso gilt $a \,;\, b \,;\, c \in R$ mit $a \neq 0$, ohne dass ständig darauf hingewiesen wird.

1. Spezialfall

Dies ist der einfachste Fall mit $a = 1 \quad \wedge \quad b = c = 0 \quad \Rightarrow$

$$y = x^2$$

Zur Erstellung des Graphen der Funktion erstellen wir eine kleine Wertetabelle.
Den Graph der Funktion $y = x^2$ nennt man Normalparabel.

x	-3	$-2{,}5$	-2	$-1{,}5$	-1	$-0{,}5$	0	$0{,}5$	1	$1{,}5$	2	$2{,}5$	3
$y = x^2$	9	$6{,}25$	4	$2{,}25$	1	$0{,}25$	0	$0{,}25$	1	$2{,}25$	4	$6{,}25$	9

7 Die Quadratfunktion

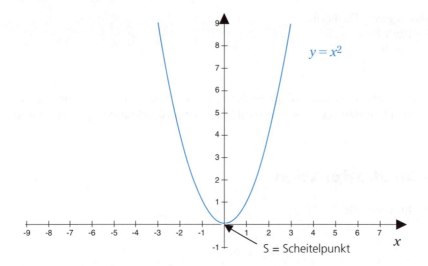

S = Scheitelpunkt

Den extremalen Punkt, das ist hier der Koordinatenursprung (0/0) nennen wir den Scheitelpunkt S.

2. Spezialfall

Nun ist der Koeffizient des quadratischen Gliedes $a \neq 0 \;\wedge\; b = c = 0$

$$y = ax^2$$

Wird die Normalparabel $y = x^2$ mit dem Streckfaktor $k = \dfrac{1}{a}$ und dem Zentrum $Z(0/0)$ zentrisch gestreckt, dann erhält man die Parabel $y = ax^2 \;\wedge\; a \neq 0$.

Der extremale Punkt (= Scheitelpunkt S) der Parabel $y = ax^2 \;\wedge\; a \neq 0$ ist hier der Koordinatenursprung.
- Für $a > 0$ sind die Parabeln nach oben geöffnet. Der Scheitelpunkt $S(0/0)$ ist das Minimum.
- Für $a < 0$ sind die Parabeln nach unten geöffnet. Der Scheitelpunkt $S(0/0)$ ist das Maximum.
- Der Wert a bestimmt die „Form" der Parabel.

Beispiel 3

$y = -\dfrac{1}{5}x^2 \;\Rightarrow\;$ Scheitelpunkt $S(0/0)$ mit $k = -5$ und $a = -\dfrac{1}{5}$ ergibt $Z = S(0/0)$.
Wegen $a = -\dfrac{1}{5} < 0$ öffnet die Parabel nach unten. Der Scheitelpunkt ist wegen $a = -\dfrac{1}{5} < 0$ ein Maximum.

Die Quadratfunktion

Das nachfolgende Bild zeigt den Graph der Funktion $y = x^2$, der mittels der zentrischen Streckung mit dem Streckfaktor $k = -5$ und dem Zentrum $Z(0/0)$ zentrisch gestreckt wurde. Nach der zentrischen Streckung erhält man dann den Graph der Funktion $y = -\frac{1}{5}x^2$. Dabei wurde die zentrische Streckung mittels zwei willkürlichen Punkten A und B gezeigt.

Wichtig ist, dass hier das Zentrum $Z(0/0)$ Fixpunkt der zentrischen Streckung ist.

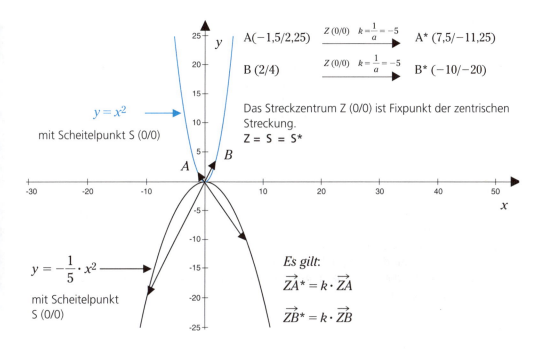

Im folgenden Bild haben wir sechs Parabeln vom Typ $y = ax^2$ in ein kartesisches Koordinatensystem eingezeichnet. Das heißt:

$a \in \left\{-4\,;-1\,;-\frac{1}{4}\,;\frac{1}{4}\,;1\,;4\right\}$. Die Erstellung der Wertetabelle sei dem Leser überlassen.

Hierbei ist die „Form" der Parabeln für die verschiedenen Werte a zu beachten:
- Für $a > 0$ sind die Parabeln nach oben geöffnet. Scheitelpunkt = Minimum.
- Für $a < 0$ sind die Parabeln nach unten geöffnet. Scheitelpunkt = Maximum.

65

7 Die Quadratfunktion

$y = ax^2$ mit $a \neq 0$

Alle Parabeln besitzen den Scheitelpunkt S(0/0)

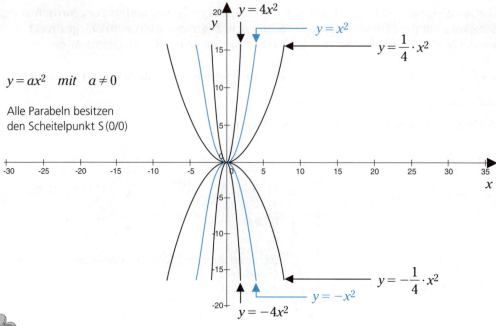

Bemerkung

Eine zentrische Streckung mit dem Streckfaktor $k = 1$ und dem Zentrum Z ist die identische Abbildung.

Eine zentrische Streckung mit dem Streckfaktor $k = -1$ und dem Zentrum Z ist eine Punktspiegelung mit dem Fixpunkt Z.

Auch wenn nicht gesondert daraufhingewiesen wird, gilt in allen Fällen der zentrischen Streckung $k \neq 0$.

Es genügt zu wissen:

Wird die Parabel $y = x^2$ mittels einer zentrischen Streckung mit Z (0/0) in die Parabel $y = ax^2$ mit $a > 0$ abgebildet, dann entspricht diese Abbildung einer Stauchung der Parabel $y = x^2$. Die Parabel ist nach oben geöffnet. Dies zeigt das obige Bild.

Wird die Parabel $y = x^2$ mittels einer zentrischen Streckung mit Z (0/0) in die Parabel $y = ax^2$ mit $a < 0$ abgebildet, dann entspricht diese Abbildung ebenfalls einer „Stauchung" der Parabel $y = x^2$ mit darauffolgender Punktspiegelung mit dem Fixpunkt Z (0/0). Dies bedeutet, dass die Parabel nach unten geöffnet ist.

3. Spezialfall

Nun ist nur noch der Faktor des linearen Gliedes gleich Null: $a \neq 0$; $b = 0$; $c \neq 0$ $\Rightarrow$

$$y = ax^2 + c$$

Wird die Normalparabel $y = x^2$ mit dem Streckfaktor $k = \dfrac{1}{a}$ und dem Zentrum $Z(0/0)$ zentrisch gestreckt, dann erhält man die Parabel $y = ax^2$ $\wedge$ $a \neq 0$. (2. Spezialfall)

Die Quadratfunktion

Wird dann die Parabel $y = ax^2 \land a \neq 0$ mittels des Vektors $\vec{v} = \begin{pmatrix} 0 \\ c \end{pmatrix}$ verschoben, dann erhält man die folgende Parabel:

$$y = ax^2 + c$$

- Der extremale Punkt der Parabel $y = ax^2 + c \land a \neq 0$ ist hier der Scheitelpunkt $S(0/c)$.
- Für $a > 0$ sind die Parabeln nach oben geöffnet. Der Scheitelpunkt $S(0/c)$ ist das Minimum.
- Für $a < 0$ sind die Parabeln nach unten geöffnet. Der Scheitelpunkt $S(0/c)$ ist das Maximum.
- Der Wert a bestimmt die „Form" der Parabel.

Beispiel 4
$y = -x^2 + 4$ mit dem Scheitelpunkt $S(0/4)$.
Koeffizientenvergleich $a = -1$; $c = 4 \Rightarrow y = ax^2 + c \land a \neq 0$ $S(0/4)$
Wegen $a = -1$ ist die Parabel nach unten geöffnet. Der Scheitelpunkt S ist wegen $a = -1$ ein Maximum.
Wir wollen nun mit dem unteren Bild zeigen, wie die Funktion $y = -x^2$ mittels einer Verschiebung mit dem Verschiebevektor $\vec{v} = \begin{pmatrix} 0 \\ 4 \end{pmatrix}$ in die Funktion $y = -x^2 + 4$ abgebildet wird.
Dabei zeigen wir die Verschiebung mit drei willkürlich ausgewählten Punkten A, B, S. Besonders wichtig ist aber die Abbildung des Scheitelpunktes $S(0/0)$ in den Scheitelpunkt $S^*(0/4)$ mittels des Verschiebevektors $\vec{v} = \begin{pmatrix} 0 \\ 4 \end{pmatrix}$.

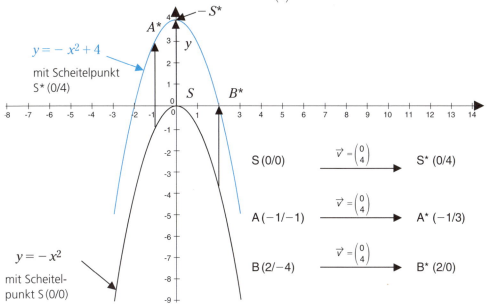

7 Die Quadratfunktion

Bemerkung

Im obigen Bild haben wir auf die Darstellung der zentrischen Streckung mit dem Streckfaktor $k = -1$ und dem Zentrum Z (0/0), die die Parabel $y = x^2$ in die Parabel $y = -x^2$ abbildet, aus Gründen der Übersichtlichkeit verzichtet.

4. Der allgemeine Fall

Nun sind sämtliche Koeffizienten ungleich Null:

$$y = ax^2 + bx + c \quad \wedge \quad a \neq 0$$

Wird die Normalparabel $y = x^2$ mit dem Streckfaktor $k = \dfrac{1}{a}$ und dem Zentrum Z (0/0) zentrisch gestreckt, dann erhält man die Parabel $y = ax^2 \ \wedge \ a \neq 0$. (2. Spezialfall)

Wird dann die Parabel $y = ax^2 \ \wedge \ a \neq 0$ mittels des Vektors $\vec{v} = \begin{pmatrix} x_s \\ y_s \end{pmatrix}$ verschoben, dann erhält man die folgende Parabel:

$$y = a \cdot (x - x_s)^2 + y_s \quad \wedge \quad a \neq 0 \quad \text{Scheitelpunktsform mit Scheitelpunkt } S(x_s/y_s)$$

Gilt für den Verschiebevektor $\vec{v} = \begin{pmatrix} x_s \\ y_s \end{pmatrix} = \begin{pmatrix} 0 \\ c \end{pmatrix}$ dann liegt der 3. Spezialfall vor. Es gilt dann:

$$y = ax^2 + bx + c \iff y = a \cdot (x - x_s)^2 + y_s \quad \wedge \quad a \neq 0$$

Wie kann man nun x_s durch a; b; c sowie y_s durch a; b; c darstellen?

Wir führen dazu einen Koeffizientenvergleich durch. (Vergleich der Faktoren bei x^2; bei x und dem Term bei dem x-freien Glied.)

$y = a \cdot (x - x_s)^2 + y_s \implies$ Formel: $(a - b)^2 = a^2 - 2ab + b^2$
$y = \underbrace{a}_{=a} \cdot x^2 - \underbrace{2ax_s}_{=b} \cdot x + \underbrace{ax_s^2 + y_s}_{=c} \quad \leftarrow$ Koeffizientenvergleich
$y = a \cdot x^2 + b \cdot x + c$

Wir erkennen, dass dann gilt:
$a = a$
$b = -2ax_s \implies x_s = -\dfrac{b}{2a}$ (Einsetzen in y_s!)
$c = ax_s^2 + y_s \implies y_s = c - ax_s^2 \implies y_s = c - a\left(\dfrac{-b}{2a}\right)^2 \implies y_s = c - \dfrac{b^2}{4a} \implies$

Da der Scheitelpunkt (0/0) der Parabel $y = ax^2 \ \wedge \ a \neq 0$ durch die Verschiebung mit dem Verschiebevektor $\vec{v}$ in den neuen Scheitelpunkt $S(x_s/y_s)$ übergeht, gilt mit den Ergebnissen von oben für den abgebildeten Scheitelpunkt S der Parabel:

Die Quadratfunktion

$$y = f(x) = ax^2 + bx + c \quad \wedge \quad a \neq 0 \quad S\left(x_s = -\frac{b}{2a} \;/\; y_s = f(x_s) = f(-\frac{b}{2a}) = c - \frac{b^2}{4a}\right)$$

- Der extremale Punkt ist der Scheitelpunkt $S(x_s/y_s)$ der Parabel.
- Für $a > 0$ sind die Parabeln nach oben geöffnet. Der Scheitelpunkt S ist das Minimum.
- Für $a < 0$ sind die Parabeln nach unten geöffnet. Der Scheitelpunkt S ist das Maximum.

Beispiel 5

$y = -\frac{1}{5} \cdot x^2 + 8x - 70$

Die Herleitung des Scheitelpunkts entnehmen Sie bitte dem Abschnitt „Beispiel zur Bestimmung des Scheitelpunkts" (1. Methode Koeffizientenvergleich).

Diese Funktion hat den Scheitelpunkt $(x_s = 20 / y_s = 10)$.

Wie oben gezeigt, gilt:
$y = ax^2 + bx + c \iff y = a \cdot (x - x_s)^2 + y_s \quad \wedge \quad a \neq 0$

Für unser Beispiel gilt dann:

$y = -\frac{1}{5} \cdot x^2 + 8x - 70 \iff y = -\frac{1}{5} \cdot (x - 20)^2 + 10 \quad mit \quad x_s = 20 \quad y_s = 10$

Wir wollen nun mit dem unteren Bild zeigen, wie die Funktion $y = x^2$ mittels der zentrischen Streckung mit dem Zentrum Z (0/0) und dem Streckfaktor $k = -5$ in die Funktion $y = -\frac{1}{5}x^2$ abgebildet wird. Dann wird diese Funktion mittels einer Verschiebung mit dem Verschiebevektor $\vec{v} = \begin{pmatrix} 20 \\ 10 \end{pmatrix}$ in die oben gezeigte Funktion

$y = -\frac{1}{5}x^2 + 8x - 70 \iff y = -\frac{1}{5}(x - 20)^2 + 10 \quad (\leftarrow \text{Scheitelpunktsform})$ abgebildet.

Insgesamt haben wir die Verschiebung mit dem willkürlich ausgewählten Punkt A* (7,5/−11,25) mittels dem Verschiebevektor $\vec{v} = \begin{pmatrix} 20 \\ 10 \end{pmatrix}$ in den Punkt A** (27,5/−1,25) gezeigt.

Besonders wichtig ist die Abbildung des Scheitelpunktes S = S* (0/0) in den Scheitelpunkt S** (20/10) mittels des Verschiebevektors $\vec{v} = \begin{pmatrix} 20 \\ 10 \end{pmatrix}$.

Bemerkung

Die zuvor erfolgte zentrische Streckung des Punktes A (−1,5/2,25) mit dem Streckfaktor $k = -5$ und dem Zentrum Z (0/0) in den Punkt A* (7,5/−11,25) wurde in dem unteren Bild aus Gründen der Übersicht nicht gezeigt.

7 Die Quadratfunktion

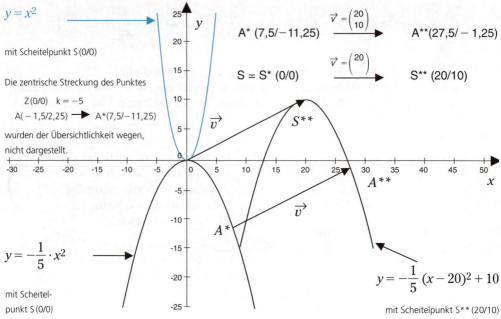

7.3 Überblick

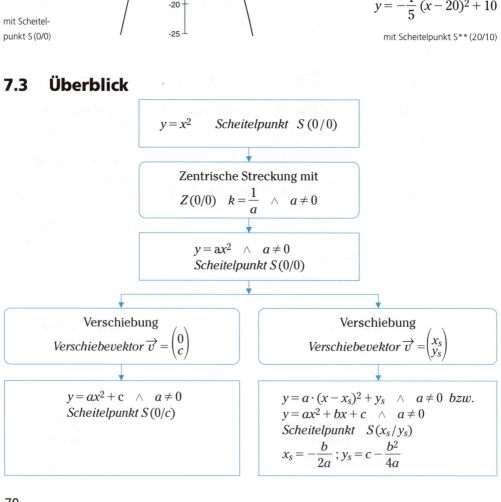

7.4 Beispiele zur Bestimmung des Scheitelpunkts

Wir wollen uns nun wieder dem Abschnitt „allgemeiner Fall" zuwenden. Bei diesem allgemeinen Fall ist die Berechnung des Scheitelpunkts von größter Bedeutung.
Dies wird in den folgenden Beispielen mittels zweier verschiedener Methoden gezeigt.

Wir behandeln zur Bestimmung des Scheitelpunkts zuerst die Methode des Koeffizientenvergleichs, dann die der quadratischen Ergänzung.

Methode des Koeffizientenvergleichs

Koeffizientenvergleich und Einsetzen:

$$S\left(x_s = -\frac{b}{2a} / y_s = f\left(-\frac{b}{2a}\right)\right) \quad \text{bzw.} \quad S\left(x_s = -\frac{b}{2a} / y_s = c - \frac{b^2}{4a}\right)$$

Mittels des obigen Ergebnisses können wir den Scheitelpunkt bestimmen. Beachten Sie unbedingt beim Koeffizientenvergleich die Vorzeichen!

Beispiel 1

$y = -\frac{1}{5}x^2 + 8x - 70$ mittels Koeffizientenvergleich erhalten wir:

$y = ax^2 + bx + c \quad \wedge \quad a \neq 0$

$a = -\frac{1}{5}; b = 8; c = -70 \quad \Rightarrow \quad x_s = -\frac{b}{2a} \quad \Rightarrow \quad x_s = -\frac{8}{2 \cdot \left(-\frac{1}{5}\right)}$

$\Rightarrow \quad x_s = -8 : \left(-\frac{2}{5}\right) \quad \Rightarrow \quad x_s = 20$

Das heißt: Wir setzen den x-Wert des Scheitelpunktes $x_s = 20$ in die Funktion ein:

$y_s = f(x_s) \quad \Rightarrow \quad y_s = f(20) \quad \Rightarrow \quad y_s = -\frac{1}{5} \cdot (20)^2 + 8 \cdot 20 - 70 \quad \Rightarrow \quad y_s = 10$

Für den Scheitelpunkt $S(x_s/y_s)$ gilt dann: $S(20/10)$.
Die Ordinate y_s des Scheitelpunktes $S(x_s/y_s)$ können wir aber auch so berechnen:

$y_s = c - \frac{b^2}{4a} \quad \Rightarrow \quad y_s = -70 - \frac{8^2}{4 \cdot \left(-\frac{1}{5}\right)} \quad \Rightarrow \quad y_s = -70 - 64 : \left(-\frac{4}{5}\right) \quad \Rightarrow \quad y_s = 10$

Es genügt also, sich folgende Beziehung zu merken:

$$S\left(x_s = -\frac{b}{2a} / y_s = f\left(-\frac{b}{2a}\right)\right) \quad \text{bzw.} \quad S\left(x_s = -\frac{b}{2a} / y_s = c - \frac{b^2}{4a}\right)$$

7 Die Quadratfunktion

Methode der quadratischen Ergänzung

$y = ax^2 + bx + c \quad \wedge \quad a \neq 0$

$y = a \cdot \left[x^2 + \dfrac{b}{a} x + \dfrac{c}{a} \right]$

Wir klammern a aus.

Wir bilden die quadratische Ergänzung.

1. Schritt: $\dfrac{b}{a} \cdot x \; \Big| \; : x \;\; \Rightarrow \;\; \dfrac{b}{a}$

2. Schritt: $\dfrac{b}{a} \; \Big| \; : 2 \;\; \Rightarrow \;\; \dfrac{b}{2a}$

3. Schritt: $\left(\dfrac{b}{2a} \right) \Big|^2 \;\; \Rightarrow \;\; \left(\dfrac{b}{2a} \right)^2 = \dfrac{b^2}{4a^2}$

Nun addieren und subtrahieren wir die quadratische Ergänzung, damit sich die Funktion nicht verändert.

$y = a \cdot \left[x^2 + \dfrac{b}{a} \cdot c + \left(\dfrac{b}{2a} \right)^2 + \dfrac{c}{a} - \dfrac{b^2}{4a^2} \right]$

Formel: $a^2 + 2ab + b^2 = (a+b)^2$

Wir fassen nach den binomischen Formeln zusammen:

$y = a \cdot \left[\left(x + \dfrac{b}{2a} \right)^2 + \dfrac{4ac - b^2}{4a^2} \right]$

$y = a \cdot \left(x + \dfrac{b}{2a} \right)^2 + \dfrac{4ac - b^2}{4a}$

$y = a \cdot \left(x + \dfrac{b}{2a} \right)^2 + c - \dfrac{b^2}{4a}$

Für den Scheitelpunkt der quadratischen Funktion erhalten wir:

$$y = f(x) = ax^2 + bx + c \quad \wedge \quad a \neq 0 \qquad S\left(x_s = -\dfrac{b}{2a} \Big/ y_s = f(x_s) = c - \dfrac{b^2}{4a} \right)$$

Hinweis:

Es muss dabei unbedingt auf das Vorzeichen bei der x-Koordinate geachtet werden!

Beispiel 3

Wir bestimmen nun den Scheitelpunkt mit der Methode der quadratischen Ergänzung.

$y = -\dfrac{3}{4} x^2 - x + 2$

Wir klammern $-\dfrac{3}{4}$ aus.

$\Rightarrow \; -x : \left(-\dfrac{3}{4} \right) = \dfrac{4}{3} \cdot x$

und $2 : \left(-\dfrac{3}{4} \right) = -\dfrac{8}{3}$

$y = -\dfrac{3}{4} \cdot \left[x^2 + \dfrac{4}{3} x - \dfrac{8}{3} \right]$

Wir bilden die quadratische Ergänzung.

1. Schritt: $\dfrac{4}{3} \cdot x \; \Big| \; : x \;\; \Rightarrow \;\; \dfrac{4}{3}$

2. Schritt: $\dfrac{4}{3} \; \Big| \; : 2 \;\; \Rightarrow \;\; \dfrac{2}{3}$

3. Schritt: $\left(\dfrac{2}{3} \right) \Big|^2 \;\; \Rightarrow \;\; \left(\dfrac{2}{3} \right)^2 = \dfrac{4}{9}$

Beispiele zur Bestimmung des Scheitelpunkts

Wir addieren und subtrahieren nun die quadratische Ergänzung:

$$y = -\frac{3}{4} \cdot \left[x^2 + \frac{4}{3} \cdot x + \left(\frac{2}{3}\right)^2 - \frac{8}{3} - \frac{4}{9}\right]$$

$$y = -\frac{3}{4} \cdot \left[\left(x + \frac{2}{3}\right)^2 - \frac{24}{9} - \frac{4}{9}\right]$$

$$y = -\frac{3}{4} \cdot \left[\left(x + \frac{2}{3}\right)^2 - \frac{28}{9}\right]$$

$$y = -\frac{3}{4} \cdot \left(x + \frac{2}{3}\right)^2 + \frac{7}{3}$$

Formel: $a^2 + 2ab + b^2 = (a+b)^2$

Bei der Bestimmung der x-Koordinate unbedingt den Vorzeichenwechsel beachten!

Für den Scheitelpunkt $S\left(-\frac{2}{3} / \frac{7}{3}\right)$ erhalten wir:

Wegen $a = -\frac{3}{4} < 0 \Rightarrow$ Die Parabel öffnet nach unten. Der Scheitelpunkt ist daher ein Maximum. Der Graph der Funktion $y = -\frac{3}{4} \cdot x^2 - x + 2$ wird noch dargestellt:

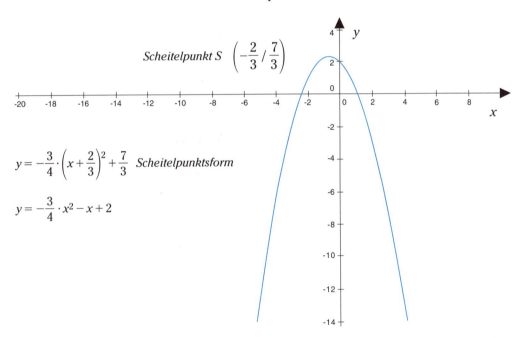

Scheitelpunkt $S \left(-\frac{2}{3} / \frac{7}{3}\right)$

$y = -\frac{3}{4} \cdot \left(x + \frac{2}{3}\right)^2 + \frac{7}{3}$ Scheitelpunktsform

$y = -\frac{3}{4} \cdot x^2 - x + 2$

Beispiel 3

In diesem Beispiel wollen wir mittels der Methode „Koeffizientenvergleich" sowie der „quadratische Ergänzung" den Scheitelpunkt S bestimmen. Somit können beide Methoden miteinander verglichen werden.

$$y = f(x) = \frac{1}{3}x^2 - \frac{3}{5}x + 2$$

7 Die Quadratfunktion

a) Methode zur Bestimmung des Scheitelpunkts durch Koeffizientenvergleich

Scheitelpunkt $S\left(x_s = -\dfrac{b}{2a} \,/\, y_s = f\left(-\dfrac{b}{2a}\right) = c - \dfrac{b^2}{4a}\right)$

$y = \dfrac{1}{3}x^2 - \dfrac{3}{5}x + 2$; $y = ax^2 + bx + c$

Koeffizientenvergleich: $\Rightarrow \; a = \dfrac{1}{3} \quad b = -\dfrac{3}{5} \quad c = 2$

$x_s = -\dfrac{b}{2a}$; $x_s = \dfrac{-\left(-\dfrac{3}{5}\right)}{2 \cdot \left(\dfrac{1}{3}\right)} \;\Rightarrow\; x_s = \dfrac{3}{5} : \dfrac{2}{3} \;\Rightarrow\; x_s = \dfrac{9}{10}$

$y_s = c - \dfrac{b^2}{4a} \;\Rightarrow\; y_s = 2 - \dfrac{\left(-\dfrac{3}{5}\right)^2}{4 \cdot \left(\dfrac{1}{3}\right)} = 2 - \dfrac{9}{25} : \dfrac{4}{3} \;\Rightarrow\; y_s = \dfrac{173}{100}$

$\Rightarrow \; S\left(\dfrac{9}{10} \,/\, \dfrac{173}{100}\right)$

oder: $y_s = f(x_s) \;\Rightarrow\; y_s = \dfrac{1}{3} \cdot \left(\dfrac{9}{10}\right)^2 - \dfrac{3}{5} \cdot \left(\dfrac{9}{10}\right) + 2 \;\Rightarrow\; y_s = \dfrac{173}{100} \;\Rightarrow\; S\left(\dfrac{9}{10} \,/\, \dfrac{173}{100}\right)$

b) Methode zur Bestimmung des Scheitelpunkts durch quadratische Ergänzung

$y = \dfrac{1}{3}x^2 - \dfrac{3}{5}x + 2$

$y = \dfrac{1}{3}\left[x^2 - \dfrac{9}{5}x + 6\right]$ Denn es gilt: $-\dfrac{3}{5}x : \dfrac{1}{3} = -\dfrac{9}{5}x$ sowie $2 : \dfrac{1}{3} = 6$

$y = \dfrac{1}{3}\left[x^2 - \dfrac{9}{5}x + \left(\dfrac{9}{10}\right)^2 + 6 - \dfrac{81}{100}\right]$

1. Schritt $\quad \dfrac{9}{5}x : x = \dfrac{9}{5}$

2. Schritt $\quad \dfrac{9}{5} : 2 = \dfrac{9}{10}$

3. Schritt $\quad \left(\dfrac{9}{10}\right)^2 = \dfrac{81}{100}$

Wir addieren und subtrahieren die quadratische Ergänzung und erhalten:

$y = \dfrac{1}{3}\left[\left(x - \dfrac{9}{10}\right)^2 + \dfrac{600}{100} - \dfrac{81}{100}\right]$ Formel: $x^2 - \dfrac{9}{5}x + \left(\dfrac{9}{10}\right)^2 = \left(x - \dfrac{9}{10}\right)^2$

Nach Ausmultiplizieren und Kürzen mit dem Faktor lautet quadratische Funktion:

$y = \dfrac{1}{3}\left[\left(x - \dfrac{9}{10}\right)^2 + \dfrac{519}{100}\right]$

$\Rightarrow \; y = \dfrac{1}{3}\left(x - \dfrac{9}{10}\right)^2 + \dfrac{173}{100} \;\Rightarrow\; S\left(\dfrac{9}{10} \,/\, \dfrac{173}{100}\right)$

Auch hier ist wieder auf den Vorzeichenwechsel bei der Bestimmung der *x*-Koordinate zu achten!

7.5 Zusammenfassung

Für alle Parabeln $y = ax^2 + bx + c \land a \neq 0$ gilt:
- Für $a > 0$ ist der Scheitelpunkt S ein Minimum. Die Parabeln sind nach oben geöffnet.
- Für $a < 0$ ist der Scheitelpunkt S ein Maximum. Die Parabeln sind nach unten geöffnet.
- Der Wert a bestimmt die „Form" der Parabeln.

1. Spezialfall
$a = 1; b = c = 0 \Rightarrow y = x^2$
Scheitelpunkt $S(0/0)$

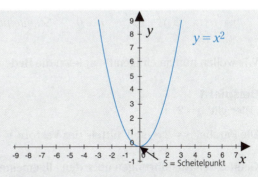

S = Scheitelpunkt

2. Spezialfall
$a \neq 0 \quad b = c = 0 \Rightarrow y = ax^2$
Scheitelpunkt $S(0/0)$

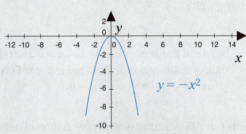

Für diese Darstellung gilt: $a = -1$

3. Spezialfall
$a \neq 0 \quad b = 0 \Rightarrow y = ax^2 + c$
Scheitelpunkt $S(0/c)$

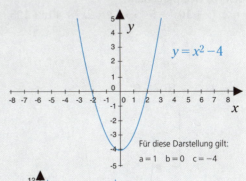

Für diese Darstellung gilt:
$a = 1 \quad b = 0 \quad c = -4$

4. Der allgemeine Fall
$y = ax^2 + bx + c \land a \neq 0$
Scheitelpunkt
$S\left(x_s = -\dfrac{b}{2a} \Big/ y_s = f\left(-\dfrac{b}{2a}\right) = c - \dfrac{b^2}{4a}\right)$

Scheitelpunktsform
$y = a \cdot (x - x_s)^2 + y_s \land a \neq 0$
$\Rightarrow S(x_s/y_s)$

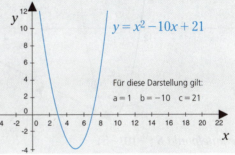

Für diese Darstellung gilt:
$a = 1 \quad b = -10 \quad c = 21$

8 Die Bedeutung der Scheitelpunktsform

Aus dieser Form der quadratischen Funktion kann der Scheitelpunkt sofort abgelesen werden:

$$y = a \cdot (x - x_s)^2 + y_s \quad \wedge \quad a \neq 0 \qquad \text{Scheitelpunkt} \quad S(x_s/y_s)$$

Wir wollen nun an einigen Beispielen die Bedeutung der Scheitelpunktsform zeigen.

Beispiel 1
(Hier gilt: $a = 2$)

Die Parabel $y = 2x^2$ soll mittels des Vektors $\vec{v} = \begin{pmatrix} -10 \\ -5 \end{pmatrix} = \begin{pmatrix} x_s \\ y_s \end{pmatrix}$ verschoben werden.

Gemäß den Ausführungen über den allgemeinen Fall im Abschnitt „Die quadratische Gleichung" gilt:

Wird die Parabel $y = ax^2 \quad \wedge \quad a \neq 0$ mittels des Vektors $\vec{v} = \begin{pmatrix} x_s \\ y_s \end{pmatrix}$ verschoben, dann erhält man eine Parabel mit der Funktionsgleichung:
$y = a \cdot (x - x_s)^2 + y_s \quad \wedge \quad a \neq 0$.

Unter der Beachtung des Vorzeichenwechsels bei der x-Koordinate lautet die Lösung unseres Beispiels dann:
$y = 2 \cdot (x + 10)^2 - 5 \quad \Rightarrow \quad y = 2x^2 + 40x + 195$

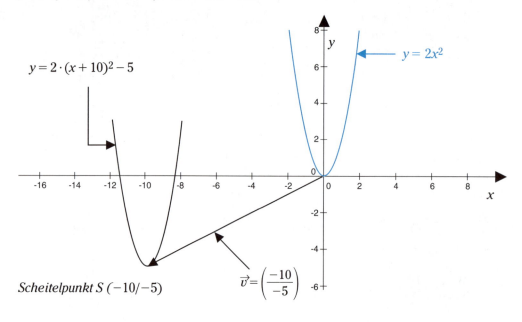

Scheitelpunkt $S(-10/-5)$

Die Bedeutung der Scheitelpunktsform

Aus dem obigen Bild erkennen wir:
Da der Graph der Funktion $y = 2x^2$ wegen $a = 2 > 0$ nach oben öffnet und der Scheitelpunkt $S(0/0)$ ist, gilt für die Wertemenge: $W = R_0^+$.

Da der Graph der Funktion $y = 2 \cdot (x+10)^2 - 5$ wegen $a = 2 > 0$ ebenfalls nach oben öffnet und der Scheitelpunkt $S(-10/-5)$ ist, gilt für die Wertemenge: $W = \{y \mid y \geq -5\}$.

Beispiel 2
(Hier gilt: $a = -1$)
Die Parabel $y = -x^2$ soll mittels des Vektors $\vec{v} = \begin{pmatrix} 0 \\ -3 \end{pmatrix} = \begin{pmatrix} x_s \\ y_s \end{pmatrix}$ verschoben werden.

Wieder gilt:

> Wird die Parabel $y = ax^2 \wedge a \neq 0$ mittels des Vektors $\vec{v} = \begin{pmatrix} x_s \\ y_s \end{pmatrix}$ verschoben, dann erhält man eine Parabel mit der Funktionsgleichung:
> $y = a \cdot (x - x_s)^2 + y_s \wedge a \neq 0$.

Bemerkung

Wegen $x_s = 0$ liegt sogar der 3. Spezialfall vor.

Die Lösung unseres Beispiels ist dann: $y = -(x-0)^2 - 3 \Rightarrow y = -x^2 - 3$

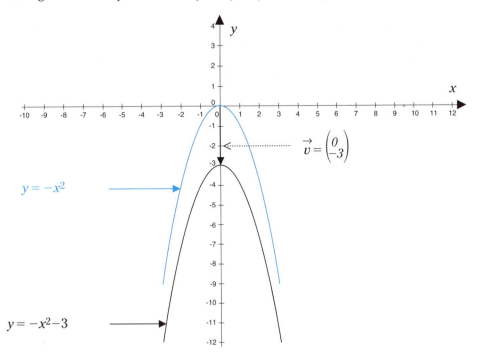

8 Die Bedeutung der Scheitelpunktsform

Aus dem obigen Bild erkennen wir:
Da der Graph der Funktion $y = -x^2$ wegen $a = -1 < 0$ nach unten öffnet und der Scheitelpunkt $S(0/0)$ ist, gilt für die Wertemenge: $W = R_0^-$.

Da der Graph der Funktion $y = -x^2 - 3$ wegen $a = -1 < 0$ ebenfalls nach unten öffnet und der Scheitelpunkt $S(0/-3)$ ist, gilt für die Wertemenge: $W = \{y | y \leq -3\}$.

Beispiel 3
Gesucht ist die quadratische Funktion, die den Punkt $A(2/15)$ enthält und den Scheitel $S(5/6)$ besitzt.

Es gilt dann: $S(5/6)$ mit $S(x_s/y_s) \Rightarrow x_s = 5 ; y_s = 6$

Wir verwenden die Scheitelpunktsform $y = a \cdot (x - x_s)^2 + y_s \quad \wedge \quad a \neq 0$.

Wir setzen $A(2/15)$ sowie den Scheitelpunkt $S(5/6)$ in die Scheitelpunktsform ein und erhalten dann:
$y = a \cdot (x - x_s)^2 + y_s \quad \wedge \quad a \neq 0 \quad mit \quad x_s = 5 ; y_s = 6$
$15 = a \cdot (2 - 5)^2 + 6 \quad | \quad -6 \quad Seiten\ vertauschen \Rightarrow 9a = 9 \Rightarrow a = 1$
$a = 1 ; x_s = 5 ; y_s = 6 \quad Einsetzen\ in\ die\ Scheitelpunktsform \Rightarrow$
$y = (x - 5)^2 + 6 \quad bzw. \quad y = x^2 - 10x + 31$

Aufgaben: Die Quadratfunktion (Teil I)

1. Gegeben sei die Funktion $y = -x^2$ mit der Definitionsmenge $D = [-3 ; 3] \subset R$. Erstellen Sie dazu eine Wertetabelle mit gleichgroßen Schritten von 0,5. Zeichnen Sie anschließend die Funktion $y = -x^2$ in ein kartesisches Koordinatensystem ein. Erstellen Sie die dazugehörige Wertemenge.

2. Geben sei die Funktion $y = -x^2$ mit der Definitionsmenge $D = [-3 ; 3] \subset R$.

   a) Verschieben Sie die Funktion $y = -x^2$ mit dem Verschiebevektor $\vec{v} = \begin{pmatrix} 8 \\ 0 \end{pmatrix}$.

   b) Verschieben Sie die Funktion $y = -x^2$ mit dem Verschiebevektor $\vec{v} = \begin{pmatrix} 0 \\ 8 \end{pmatrix}$.
   Erstellen Sie Gleichungen der verschobenen Funktionen.
   Zeichnen Sie die Funktion $y = -x^2$ sowie die verschobenen Funktionen in ein kartesisches Koordinatensystem ein.

   ☞ Tipp: Denken Sie an die Scheitelpunktsform.

3. Zeichnen Sie die Funktionen $y = -x^2$ bzw. $y = -\frac{1}{2}x^2$ und $y = -2x^2$ mit der gemeinsamen Definitionsmenge $D = [-3 ; 3] \subset R$ in ein kartesisches Koordinatensystem ein.

Aufgaben: Die Quadratfunktion (Teil I)

4. Gegeben sei die Funktion $y = x^2 + 9$ mit $D \subset R$.
   Berechnen Sie den Scheitelpunkt. Zeichnen Sie die Funktion in ein kartesisches Koordinatensystem ein. Erstellen Sie die dazugehörige Wertemenge.

5. Gegeben sei die Funktion $y = x^2 + 9x$ mit $D \subset R$.
   Berechnen Sie den Scheitelpunkt. Vergleichen Sie dazu die vorige Aufgabe.
   Zeichnen Sie die Funktion in ein kartesisches Koordinatensystem ein. Erstellen Sie die dazugehörige Wertemenge.

6. Berechnen Sie den Scheitelpunkt der folgenden Funktionen mit $D \subset R$.
   Es ist Ihnen überlassen, ob Sie die 1. Methode (Koeffizientenvergleich) oder die 2. Methode (Quadratische Ergänzung) verwenden wollen.
   Erstellen Sie die dazugehörige Wertemenge.

   a) $y = x^2 - 6x + 5$
   b) $y = -x^2 - 6x + 5$
   c) $y = \frac{1}{2} \cdot x^2 - 6x$
   d) $y = \frac{1}{7} \cdot x^2 - 6x - 2$
   e) $y = -\frac{7}{2} \cdot x^2 - 6x + \frac{9}{5}$
   f) $y = \frac{1}{2} \cdot x^2 - 0{,}3x$

7. Gegeben sei die Funktion $y = f(x) = x^2 - x - 6$ mit $D \subset R$.
   Zeigen Sie, ob der Punkt $P(1/4)$ auf der Funktion liegt oder nicht.

8. Gegeben sei die Funktion $y = f(x) = -x^2 - 2x + 6$ mit $D \subset R$.
   Wie muss die Ordinate y_P heißen, damit der Punkt $P(-1/y_P)$ auf der Funktion liegt?

9. Gegeben sei die Funktion $y = f(x) = -x^2 + 3x + kx + 6 + k \ \wedge \ k \in R$.
   Berechnen Sie $k \in R$ so, dass der Punkt $P(3/10)$ auf der Funktion liegt.

10. Gegeben sei die Funktion $y = f(x) = x^2 - 6x + kx + m + 2 \ \wedge \ k; m \in R$.
    Berechnen Sie $k; m \in R$ so, dass der Punkt $S(3/5)$ der Scheitelpunkt der Funktion ist.

☞ Tipp: Scheitelpunktsform verwenden und Koeffizientenvergleich durchführen.

11. Berechnen Sie den Verschiebevektor, der die Funktion $y = x^2 - 30x + 220$ in die Funktion $y = x^2 + 8x - 4$ abbildet.

☞ Tipp: Berechnen Sie die Scheitelpunkte der beiden Funktionen und zeichnen Sie die beiden Funktionen sowie die Funktion $y = x^2$ in ein kartesisches Koordinatensystem ein.

12. Die Funktion $y = x^2$ wird mit dem Streckfaktor $k = \frac{2}{3}$ und dem Streckzentrum $Z(0/0)$ zentrisch gestreckt. Wie lautet die Bildfunktion?

☞ Tipp: Sehen Sie sich den 2. Spezialfall an.

8 Die Bedeutung der Scheitelpunktsform

13. Eine quadratische Funktion $y = ax^2 + bx + c \ \wedge \ a \neq 0$ geht durch den Punkt $P(0/6)$ und besitzt den Scheitelpunkt $S(-1/4)$.
    Berechnen Sie die Koeffizienten $a \, ; b \, ; c \in R \ \wedge \ a \neq 0$.

Tipp: Erstellen Sie die Scheitelpunktsform.

14. Auf einer quadratischen Funktion $y = f(x) = x^2 + bx + c$ liegen die beiden Punkte $P(0/-8)$ sowie $Q(-1/-12)$.
    Berechnen Sie die Koeffizienten $b \, ; c \in R$.

15. Gegeben sei die quadratische Funktion $y = f(x) = x^2 + 6x - 3$.
    Berechnen Sie die Werte $a \in R$, falls möglich so, dass der Punkt $P(a + 2/a^2 + 10a + 1)$ auf der Funktion $y = f(x) = x^2 + 6x - 3$ liegt.

16. Gegeben sei die Funktion $y = x^2$.
    Mittels welchen Abbildungen kann man die Funktion $y = x^2$ in die Funktion $y = -2x^2 - 4x + 3$ abbilden?

Tipp: Erstellen Sie die Scheitelpunktsform.

9 Anwendungen der Quadratfunktion

9.1 Spiegelung der Quadratfunktion

Wir wollen nun die Quadratfunktion $y = ax^2 + bx + c \;\wedge\; a \neq 0$ an den Koordinatenachsen achsenspiegeln und am Koordinatenursprung $(0/0)$ punktspiegeln. Dies soll mittels eines Beispiels gezeigt werden.

Beispiel 1
Gegeben sei die Funktion $y = \dfrac{1}{8}x^2 - \dfrac{3}{4}x + \dfrac{41}{8}$

Wir wandeln zunächst die Funktion in die Scheitelpunktsform um. Dabei verwenden wir die ausführlich behandelte Methode der quadratischen Ergänzung.

$y = \dfrac{1}{8}x^2 - \dfrac{3}{4}x + \dfrac{41}{8}$

$y = \dfrac{1}{8} \cdot [x^2 - 6x + 41] \qquad\qquad\qquad -\dfrac{3}{4} : \dfrac{1}{8} = -\dfrac{3}{4} \cdot \dfrac{8}{1} = -6 \;\; ; \;\; \dfrac{41}{8} : \dfrac{1}{8} = \dfrac{41}{8} \cdot \dfrac{8}{1} = 41$

$y = \dfrac{1}{8} \cdot [x^2 - 6x + 3^2 + 41 - 9] \qquad$ Drei Schritte:

$6x : x = 6 \;\; ; \;\; 6 : 2 = 3 \;\; ; \;\; 3^2 = 9$

$y = \dfrac{1}{8} \cdot [(x-3)^2 + 32] \qquad$ Formel: $a^2 - 2ab + b^2 = (a-b)^2$

$y = \dfrac{1}{8} \cdot (x-3)^2 + 4 \quad$ Scheitelpunkt : $(3/4)$

$$\text{Scheitelpunktsform: } y = \dfrac{1}{8} \cdot (x-3)^2 + 4$$

Ursprüngliche Funktion	Spiegelung	Gespiegelte Funktion
$y = \dfrac{1}{8}(x-3)^2 + 4$	Achsenspiegelung an der x-Achse	$y = -\dfrac{1}{8}(x-3)^2 - 4$
$y = \dfrac{1}{8}(x-3)^2 + 4$	Achsenspiegelung an der y-Achse	$y = \dfrac{1}{8}(x+3)^2 + 4$
$y = \dfrac{1}{8}(x-3)^2 + 4$	Punktspiegelung an dem Koordinatenursprung $(0/0)$	$y = -\dfrac{1}{8}(x+3)^2 - 4$

9 Anwendungen der Quadratfunktion

Bemerkung

Erfolgt eine zweifache Achsenspiegelung an zwei zu einander senkrechten Spiegelachsen, so kann diese durch eine Punktspiegelung ersetzt werden. Der Fixpunkt der Punktspiegelung ist dann der Schnittpunkt der beiden zueinander senkrechten Spiegelachsen der Achsenspiegelung.

In unserem Beispiel sind die beiden Spiegelachsen der Achsenspiegelung die x-Achse und die y-Achse. Der Fixpunkt der Punktspiegelung ist dann der Koordinatenursprung (0/0). Sehen Sie dazu diese Funktionsgrafik.

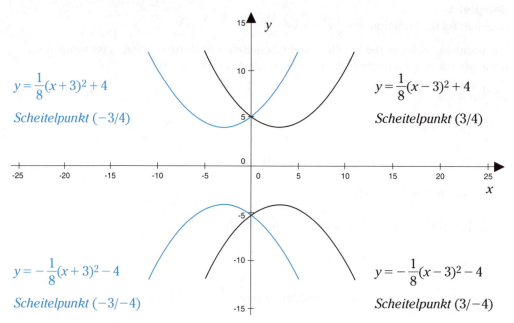

Begründung

Wird die Funktion $y = ax^2 \quad \wedge \quad a \neq 0$ mit dem Verschiebevektor $\vec{v} = \begin{pmatrix} x_s \\ y_s \end{pmatrix}$ verschoben, so erhält man die Funktion $y = a \cdot (x - x_s)^2 + y_s \quad \wedge \quad a \neq 0$.

Wird die Funktion $y = ax^2 \quad \wedge \quad a \neq 0$ mit dem Verschiebevektor $\vec{v} = \begin{pmatrix} -x_s \\ y_s \end{pmatrix}$ verschoben, so erhält man die Funktion $y = a \cdot (x + x_s)^2 + y_s \quad \wedge \quad a \neq 0$.

Dies entspricht einer Achsenspiegelung der Funktion $y = a \cdot (x - x_s)^2 + y_s \quad \wedge \quad a \neq 0$ an der y-Achse mit der Spiegelfunktion $y = a \cdot (x + x_s)^2 + y_s \quad \wedge \quad a \neq 0$.

Wird die Funktion $y = ax^2 \quad \wedge \quad a \neq 0$ mit dem Streckfaktor $k = -1$ am Zentrum $Z(0/0)$ zentrisch gestreckt, dann erhält man die Funktion $y = -ax^2 \quad \wedge \quad a \neq 0$.
Diese Funktion kann man dann analog, wie oben gezeigt verschieben.

Im nachfolgenden Bild wird dies für die Funktion $y = \frac{1}{8}(x - 3)^2 + 4$ veranschaulicht.

Schnitt zweier Quadratfunktionen

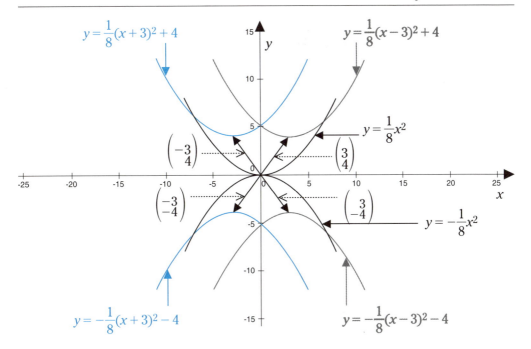

9.2 Schnitt zweier Quadratfunktionen

Gegeben sind zwei Quadratfunktionen $y = f_1(x) = ax^2 + bx + c \quad \wedge \quad a \neq 0$ sowie
$y = f_2(x) = a^*x^2 + b^*x + c^* \quad \wedge \quad a^* \neq 0$. Wir wollen nun die Schnittpunkte, falls solche existieren, berechnen. Da die Schnittpunkte dieselben Ordinaten (= y-Werte) besitzen, gilt:

$f_1(x) = f_2(x) \quad \leftarrow$ Diese Gleichung lösen wir nach x auf.

Je nach Lage der beiden Quadratfunktionen erhalten wir zwei, einen oder keinen Schnittpunkt.

Beispiel 2
Gegeben seien die beiden Quadratfunktionen:
$y = f_1(x) = x^2 - 2x - 6 \quad$ sowie $\quad y = f_2(x) = -x^2 + 4x + 2$

$f_1(x) = f_2(x) \quad \Rightarrow$

$x^2 - 2x - 6 = -x^2 + 4x + 2 \quad | \quad +x^2 - 4x - 2 \quad | \quad :2$

$x^2 - 3x - 4 = 0 \quad$ ⟨ Faktorzerlegung oder Formel für quadratische Gleichungen ⟩

$(x-4)(x+1) = 0 \quad \Rightarrow \quad x_1 = 4 \,;\, x_2 = -1 \quad \leftarrow$ Diese x-Werte in die Funktionen einsetzen.

$f_1(-1) = (-1)^2 - 2 \cdot (-1) - 6 = -3 \quad$ bzw. $\quad f_2(-1) = -(-1)^2 + 4 \cdot (-1) + 2 = -3 \quad \Rightarrow$
Schnittpunkt: $A(-1/-3)$

$f_1(4) = 4^2 - 2 \cdot 4 - 6 = 2 \quad$ bzw. $\quad f_2(4) = -4^2 + 4 \cdot 4 + 2 = 2 \quad \Rightarrow$
Schnittpunkt: $B(4/2)$

9 Anwendungen der Quadratfunktion

Schnittpunkte: $A(-1/-3)$; $B(4/2)$

Sehen Sie dazu das folgende Bild.

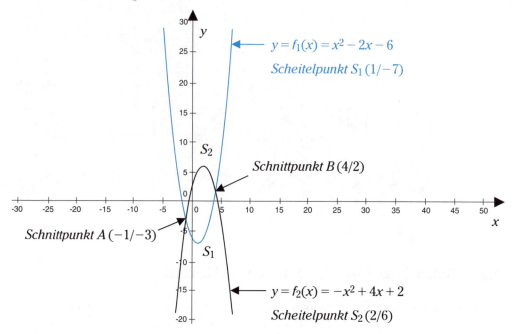

9.3 Schnitt einer Quadratfunktion mit einer Geraden

In völliger Analogie zum Abschnitt „Schnitt zweier Quadratfunktionen" gilt:

Gegeben sei die Quadratfunktion $y = f_1(x) = ax^2 + bx + c \;\land\; a \neq 0$ sowie die Gerade $y = f_2(x) = mx + t$. Wir wollen nun die Schnittpunkte, falls solche existieren, berechnen.

Da die Schnittpunkte dieselben Ordinaten (= y-Werte) besitzen, gilt:

$f_1(x) = f_2(x)$ ← Diese Gleichung lösen wir nach x auf.

Je nach Lage der Quadratfunktion bzw. der Gerade erhalten wir, zwei, einen oder keinen Schnittpunkt.

Beispiel 3

Gegeben sei die Quadratfunktion $y = f_1(x) = x^2 - 4x$ sowie die Gerade $y = f_2(x) = x + 6$.

$f_1(x) = f_2(x)$
$x^2 - 4x = x + 6 \quad | \quad -x - 6$
$x^2 - 5x - 6 = 0$ Faktorzerlegung oder Formel für quadratische Gleichungen

$(x-6)(x+1) = 0 \Rightarrow x_1 = 6 \quad x_2 = -1 \quad \leftarrow$ Diese x-Werte in die Funktionen einsetzen.
$f_1(-1) = (-1)^2 - 4 \cdot (-1) = 5 \quad$ bzw. $\quad f_2(-1) = -1 + 6 = 5 \Rightarrow$ Schnittpunkt: $A(-1/5)$
$f_1(6) = 6^2 - 4 \cdot 6 = 12 \quad$ bzw. $\quad f_2(6) = 6 + 6 = 12 \Rightarrow$ Schnittpunkt: $B(6/12)$

Schnittpunkte: $A(-1/5)$; $B(6/12)$

Sehen Sie dazu das folgende Bild.

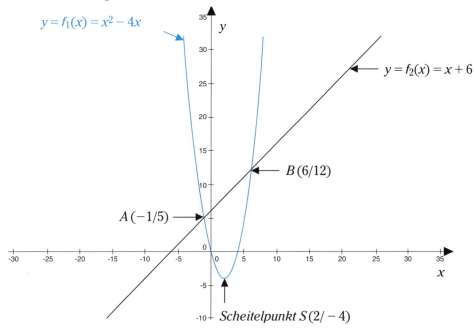

9.4 Die Nullstellen der Quadratfunktion

Als Nullstellen einer Funktion bezeichnet man die Schnittpunkte des Graphen der Funktion mit der x-Achse. Jeder Punkt, der auf der x-Achse liegt hat die Ordinate $y = 0$. Für die Quadratfunktion $y = ax^2 + bx + c \;\wedge\; a \neq 0$ errechnen wir somit die Nullstellen wie folgt:
$ax^2 + bx + c = 0 \;\wedge\; a \neq 0$.

Wir erhalten somit eine quadratische Gleichung mit der bekannten Lösung:

$$x_{1;2} = \frac{-b \pm \sqrt{b^2 - 4ac}}{2a} \;\wedge\; a \neq 0$$

9 Anwendungen der Quadratfunktion

Die Diskriminante $D = b^2 - 4ac$ entscheidet über die Anzahl der Lösungen. Es gilt:

$D > 0 \Rightarrow$ Zwei reelle Lösungen. Dies bedeutet zwei Nullstellen.
$D = 0 \Rightarrow$ Eine reelle Lösung. Dies bedeutet eine Nullstelle.
$D < 0 \Rightarrow$ Keine reelle Lösung. Dies bedeutet keine Nullstelle.

Im folgenden Bild ist dies schematisch dargestellt.

$D > 0 \Rightarrow$ *Zwei Nullstellen*
$D = 0 \Rightarrow$ *Eine Nullstelle*
$D < 0 \Rightarrow$ *Keine Nullstellen*

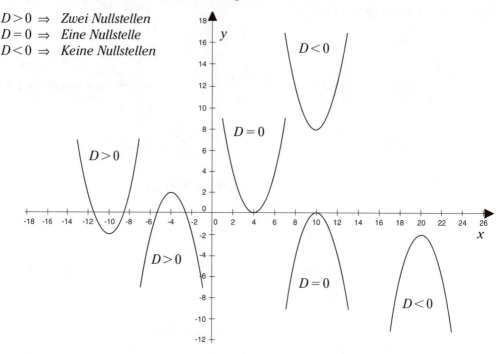

Wir wollen nun für drei Quadratfunktionen den Scheitelpunkt S und die Nullstellen, falls solche existieren, berechnen. Zur Berechnung des Scheitelpunktes S verwenden wir völlig willkürlich die 1. Methode (Koeffizientenvergleich). Anschließend zeichnen wir die Graphen der Quadratfunktionen in ein kartesisches Koordinatensystem ein. Die Erstellung der Wertetabelle sei dem Leser überlassen.

Beispiel 1

Gegeben sei die 1. Quadratfunktion die lautet:
$y = f(x) = -3x^2 - 6x - 5$
Koeffizientenvergleich mit $y = f(x) = ax^2 + bx + c \Rightarrow a = -3; b = -6; c = -5$

Wegen $a = -3 < 0$ öffnet die Parabel nach unten. Der Scheitelpunkt S ist ein Maximum.

Wir berechnen den Scheitelpunkt: $S\left(x_s = -\dfrac{b}{2a} / y_s = f\left(-\dfrac{b}{2a}\right) = c - \dfrac{b^2}{4a}\right)$ (1.Methode)
$x_s = -\dfrac{b}{2a}$ $x_s = -\dfrac{-6}{2 \cdot (-3)}$ $\Rightarrow$ $x_s = -1$
$y_s = f(-1) = -3 \cdot (-1)^2 - 6 \cdot (-1) - 5$ $\Rightarrow$ $y_s = -2$

Die Nullstellen der Quadratfunktion

Beim Aufstellen der Scheitelpunktsform ist unbedingt auf das Vorzeichen zu achten!

$$S(-1/-2) \text{ mit Scheitelpunktsform}$$
$$y = a \cdot (x - x_s)^2 + y_s \Rightarrow y = -3 \cdot (x+1)^2 - 2$$

Wir berechnen nun die Nullstellen:
$-3x^2 - 6x - 5 = 0 \quad | \cdot (-1)$
Nur um die Gleichung zu vereinfachen, multiplizieren wir mit (-1) $\Rightarrow$
$3x^2 + 6x + 5 = 0 \quad | \leftarrow$ Hier gilt: $a = 3 \quad b = 6 \quad c = 5$

$x_{1;2} = \dfrac{-6 \pm \sqrt{6^2 - 4 \cdot 3 \cdot 5}}{2 \cdot 3}$ $\quad$ Formel: $ax^2 + bx + c = 0$ $\quad$ Lösung: $x_{1;2} = \dfrac{-b \pm \sqrt{b^2 - 4ac}}{2a}$

$x_{1;2} = \dfrac{-6 \pm \sqrt{-24}}{6}$ $\quad$ Wegen $D = -24 < 0 \Rightarrow$ Keine Nullstellen!

Wir erhalten aus den obigen Ergebnissen eine weitere Schlussfolgerung:
Da der Graph der Funktion wegen $a = -3 < 0$ nach unten öffnet und der Scheitelpunkt $S(-1/-2)$ ist, gilt für die Wertemenge $W = \{y | y \leq -2\}$. Dies wird sofort aus dem folgenden Bild ersichtlich.

Beispiel 2

Gegeben sei die 2. Quadratfunktion die lautet: $y = f(x) = -2x^2 + 40x - 182$
Koeffizientenvergleich mit $y = f(x) = ax^2 + bx + c \Rightarrow a = -2 ; b = 40 ; c = -182$
Wegen $a = -2 < 0$ öffnet die Parabel nach unten. Der Scheitelpunkt S ist ein Maximum.

Wir berechnen den Scheitelpunkt: $S\left(x_s = -\dfrac{b}{2a} / y_s = f\left(-\dfrac{b}{2a}\right) = c - \dfrac{b^2}{4a}\right)$
(1. Methode)

$x_s = -\dfrac{b}{2a} \quad x_s = -\dfrac{40}{2 \cdot (-2)} \Rightarrow x_s = 10$

$y_s = f(10) = -2 \cdot 10^2 + 40 \cdot 10 - 182 \Rightarrow y_s = 18$

$$S(10/18) \text{ mit Scheitelpunktsform}$$
$$y = a \cdot (x - x_s)^2 + y_s \Rightarrow y = -2 \cdot (x - 10)^2 + 18$$

Wir berechnen die Nullstellen. Dabei dividieren wir die Gleichung zur Vereinfachung mit (-2).
$-2x^2 + 40x - 182 = 0 \quad | : (-2) \Rightarrow$
$x^2 - 20x + 91 = 0 \quad | \leftarrow$ Hier gilt: $a = 1 \quad b = -20 \quad c = 91$

$x_{1;2} = \dfrac{-(-20) \pm \sqrt{(-20)^2 - 4 \cdot 1 \cdot 91}}{2 \cdot 1}$ $\quad$ Formel: $ax^2 + bx + c = 0$

Lösung: $x_{1;2} = \dfrac{-b \pm \sqrt{b^2 - 4ac}}{2a}$

9 Anwendungen der Quadratfunktion

$x_{1;2} = \dfrac{20 \pm \sqrt{36}}{2}$ Wegen $D = 36 > 0 \Rightarrow$ zwei Nullstellen: $x_1 = 13 \lor x_2 = 7$

Wir erhalten aus den obigen Ergebnissen eine weitere Schlussfolgerung:

Da der Graph der Funktion wegen $a = -2 < 0$ nach unten öffnet und der Scheitelpunkt $S(10/18)$ ist, gilt für die Wertemenge $W = \{y \mid y \leq 18\}$.
Dies wird sofort aus dem unten folgenden Bild ersichtlich.

Bemerkung

Natürlich hätte man die quadratische Gleichung auch mittels Faktorenzerlegung lösen können: $\Rightarrow x^2 - 20x + 91 = 0 \Rightarrow (x-13)(x-7) = 0 \Rightarrow x_1 = 13 \,; x_2 = 7$

Beispiel 3
Gegeben sei die 3. Quadratfunktion die lautet: $y = f(x) = x^2 + 10x + 25$
Koeffizientenvergleich mit $y = f(x) = ax^2 + bx + c \Rightarrow a = 1\,; \ b = 10\,; \ c = 25$

Wegen $a = 1 > 0$ öffnet die Parabel nach oben. Der Scheitelpunkt S ist ein Minimum.

Wir berechnen den Scheitelpunkt: $S\left(x_s = -\dfrac{b}{2a} / y_s = f\left(-\dfrac{b}{2a}\right) = c - \dfrac{b^2}{4a}\right)$ (1. Methode)

$x_s = -\dfrac{b}{2a} \quad x_s = -\dfrac{10}{2 \cdot 1} \Rightarrow x_s = -5$

$y_s = f(-5) = (-5)^2 + 10 \cdot (-5) + 25 \Rightarrow y_s = 0$

$S(-5/0)$ mit Scheitelpunktsform $y = a \cdot (x - x_s)^2 + y_s \Rightarrow y = (x+5)^2$

Wir berechnen die Nullstellen:
$x^2 + 10x + 25 = 0 \quad | \quad \leftarrow$ Hier gilt: $a = 1 \quad b = 10 \quad c = 25$

Formel: $ax^2 + bx + c = 0$
Lösung: $x_{1;2} = \dfrac{-b \pm \sqrt{b^2 - 4ac}}{2a}$

$x_{1;2} = \dfrac{-10 \pm \sqrt{10^2 - 4 \cdot 1 \cdot 25}}{2 \cdot 1}$

$x_{1;2} = \dfrac{-10 \pm \sqrt{0}}{2}$ Wegen $D = 0 \Rightarrow$ eine Nullstelle $x_1 = x_2 = -5$

Wir erhalten aus den obigen Ergebnissen eine weitere Schlussfolgerung:
Da der Graph der Funktion wegen $a = 1 > 0$ nach oben öffnet und der Scheitelpunkt $S(-5/0)$ ist, gilt für die Wertemenge $W = \{y \mid y \geq 0\}$. Dies wird sofort aus dem unten folgenden Bild ersichtlich.

Bemerkung

Natürlich hätte man die quadratische Gleichung auch mittels der binomischen Formel lösen können.

$\Rightarrow \quad x^2 + 10x + 25 = 0 \quad \Rightarrow \quad (x+5)^2 = 0 \quad \Rightarrow \quad x_1 = x_2 = -5$

In dem unten gezeigten Bild haben wir die Graphen der drei oben besprochenen Quadratfunktionen in ein kartesisches Koordinatensystem eingezeichnet.

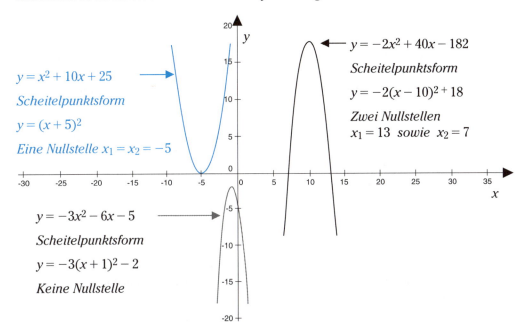

9.5 Aufgaben: Die Quadratfunktion (Teil 2)

1. Gegeben sei die Funktion: $y = x^2 - 10x + 16$
   a) Berechnen Sie den Scheitelpunkt und die Nullstellen, falls solche existieren.
   b) Spiegeln Sie die Funktion an der y-Achse und berechnen Sie den Scheitelpunkt sowie die Nullstellen der gespiegelten Funktion, falls solche existieren.
   c) Spiegeln Sie die Funktion an der x-Achse und und berechnen Sie den Scheitelpunkt sowie die Nullstellen der gespiegelten Funktion, falls solche existieren.
   d) Punktspiegeln Sie die Funktion an dem Koordinatenursprung. Berechnen Sie von der punktgespiegelten Funktion den Scheitelpunkt und die Nullstellen, falls solche existieren.
   e) Zeichnen Sie alle obigen Funktionen in ein kartesisches Koordinatensystem ein.

9 Anwendungen der Quadratfunktion

2. Gegeben ist die quadratische Funktion: $y = -x^2 - a \quad \wedge \quad a \in R$
   Für welche a hat die Funktion zwei, eine oder keine Nullstelle?

3. Gegeben sind die beiden Funktionen $y = x^2 - 4x + 3$ sowie $y = x^2 - x - 6$.
   Berechnen Sie die Scheitelpunkte, die Nullstellen und Schnittpunkt(e) (falls sie existieren) der beiden Funktionen.
   Zeichnen Sie beide Funktionen in ein kartesisches Koordinatensystem ein.

4. Gegeben ist die quadratische Funktion $y = x^2 - 8x + 7$ sowie die Funktion der Geraden $y = 2x - 9$.
   Berechnen Sie den Scheitelpunkt der quadratischen Funktion.
   Berechnen Sie die Nullstelle(n) der quadratischen Funktion und der Geraden, falls solche existieren.
   Berechnen Sie die Schnittpunkte der quadratischen Funktion mit der Geraden, falls solche existieren.

5. Gegeben ist die quadratische Funktion $y = -2x^2 + 12x$ sowie die Funktion der Geraden $y = 4x + 8$.
   Berechnen Sie den Scheitelpunkt der quadratischen Funktion.
   Berechnen Sie die Nullstelle(n) der quadratischen Funktion und der Geraden, falls solche existieren.
   Berechnen Sie die Schnittpunkte der quadratischen Funktion mit der Geraden, falls solche existieren.

6. Von den folgenden quadratischen Funktionen berechnen Sie:
   Den Scheitel und die Scheitelpunktsform, die Wertemenge, die Nullstellen, falls solche existieren.
   Für die Definitionsmenge der Funktionen gelte: $D \subset R$

   a) $y = x^2 - 20x + 108$
   b) $y = x^2 - 8x + 16$
   c) $y = -x^2 - 8x - 14$
   d) $y = x^2 + 20x + 98$

10 Quadratische Ungleichung

10.1 Vorbemerkungen

Wir zeigen in den folgenden Abschnitten die Lösung einer quadratischen Ungleichung
$ax^2 + bx + c > 0 \quad \wedge \quad a \neq 0$ bzw. $ax^2 + bx + c < 0 \quad \wedge \quad a \neq 0$
$ax^2 + bx + c \geq 0 \quad \wedge \quad a \neq 0$ bzw. $ax^2 + bx + c \leq 0 \quad \wedge \quad a \neq 0$
mittels der Funktion $y = ax^2 + bx + c \quad \wedge \quad a \neq 0$.

Wie Ihnen sicherlich bekannt ist, gilt für Darstellung der Halbebene oberhalb der x-Achse in einem kartesischen Koordinatensystem die Relation $y > 0$.

Soll die obere Halbebene in einem kartesischen Koordinatensystem einschließlich der x-Achse dargestellt werden, so gilt die Relation $y \geq 0$.

Analog gilt dann für die Darstellung der Halbebene unterhalb der x-Achse in einem kartesischen Koordinatensystem die Relation $y < 0$.

Analog gilt dann für die Darstellung der Halbebene unterhalb der x-Achse in einem kartesischen Koordinatensystem einschließlich der x-Achse die Relation $y \leq 0$.

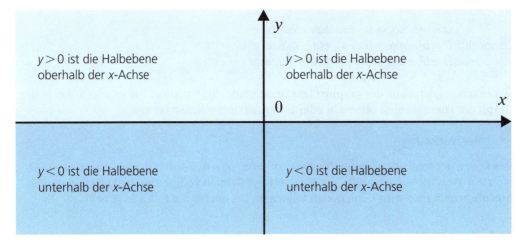

Bei der Lösung einer quadratischen Ungleichung stellt sich dann die Frage:
Für welche x-Werte verläuft der Graph der Funktion oberhalb oder unterhalb der x-Achse.

Zur Erinnerung sei folgendes bemerkt:
Wird eine Ungleichung beidseitig mit einer negativen Zahl multipliziert oder dividiert, dann dreht sich das Ungleichheitszeichen!

10 Quadratische Ungleichung

Beispiel 1
$-3x + 2 > 14 \quad | \quad -2 \quad \Rightarrow \quad -3x > 12 \quad | \quad :(-3) \quad \Rightarrow \quad x < -4$
Das Ungleichheitszeichen dreht sich!

10.2 Die quadratische Ungleichung

Gegeben sei:

$$ax^2 + bx + c > 0 \quad \wedge \quad a \neq 0$$

1. Fall: $a > 0$

Sei $ax^2 + bx + c > 0 \quad \wedge \quad a > 0$.
Wir fassen nun die Ungleichung $ax^2 + bx + c > 0 \quad \wedge \quad a > 0$ als Funktion auf, das heißt, wir wollen die Funktion $y = ax^2 + bx + c > 0 \quad \wedge \quad a > 0$ in ein kartesisches Koordinatensystem einzeichnen.

1. Wegen $a > 0$ ist der Graph der Funktion eine nach oben geöffnete Parabel.
2. Wir berechnen dann den Scheitelpunkt.
3. Wir berechnen dann die Nullstellen der Funktion, das heißt, wir lösen die quadratische Gleichung
$ax^2 + bx + c > 0 \quad \wedge \quad a \neq 0 \quad \Rightarrow \quad$ Lösung $x_{1;2} = \dfrac{-b \pm \sqrt{b^2 - 4ac}}{2a}$

Dabei gilt:
$D = b^2 - 4ac > 0 \quad \Rightarrow \quad$ *zwei Nullstellen*
$D = b^2 - 4ac = 0 \quad \Rightarrow \quad$ *eine Nullstelle*
$D = b^2 - 4ac < 0 \quad \Rightarrow \quad$ *keine Nullstelle*

Wir erkennen dann aus der graphischen Darstellung der Funktion, für welche x-Werte der Graph der Funktion sich oberhalb oder unterhalb der x-Achse befindet.

Bemerkung

Das Lösen der folgenden Ungleichungen $ax^2 + bx + c \geq 0 \quad \wedge \quad a > 0$ bzw. $ax^2 + bx + c < 0 \quad \wedge \quad a > 0$ bzw. $ax^2 + bx + c \leq 0 \quad \wedge \quad a > 0$ erfolgt dann in völliger Analogie zu den obigen Ausführungen. Dies wird dann in den folgenden Beispielen ausführlich gezeigt.

2. Fall: $a < 0$

Durch beidseitige Multiplikation der Ungleichung mit (-1) lässt sich aus dem 2. Fall sofort der 1. Fall herstellen.

Beispiel 2
$-3x^2 + 6x - 3 > 0 \quad | \quad \cdot(-1) \quad \Rightarrow \quad 3x^2 - 6x + 3 < 0$
Beachten Sie, dass sich das Ungleichheitszeichen dreht! Mittels dieser Umwandlung liegt nun der 1. Fall vor. Wir vereinfachen die Ungleichung zweckmäßigerweise weiter.

Die quadratische Ungleichung

$3x^2 - 6x + 3 < 0 \quad | \ :3 \quad \Rightarrow \quad x^2 - 2x + 1 < 0$
Auf das Lösen dieser Ungleichung wollen wir an dieser Stelle verzichten.

Im Folgenden werden zwei Beispiele gezeigt, bei der der Leser die Bedeutung der Diskriminante $D = b^2 - 4ac$ beim Lösen von quadratischen Ungleichungen kennenlernen wird.

Beispiel 3
Für die Diskriminante gilt hier: $D > 0$

Gegeben sei die folgende Ungleichung: $-x^2 - 2x + 3 \leq 0$
Wegen $a = -1 < 0$ liegt der 2. Fall vor.

> Wir multiplizieren die Ungleichung beidseitig mit (-1) und erhalten dann den 1. Fall $a > 0$. Dabei beachten wir, dass bei der beidseitigen Multiplikation einer Ungleichung mit einer negativen Zahl sich das Ungleichheitszeichen dreht.

$-x^2 - 2x + 3 \leq 0 \quad | \ \cdot(-1) \quad \Rightarrow \quad x^2 + 2x - 3 \geq 0$

Diese Ungleichung fassen wir nun als Funktion auf:

$$y = x^2 + 2x - 3 \quad a = 1 \ ; \ b = 2 \ ; \ c = -3$$

1. Wegen $a = 1 > 0$ öffnet die Parabel $y = x^2 + 2x - 3$ nach oben.

2. Wir berechnen nun den Scheitelpunkt der Funktion mittels der 1. Methode.

$y = x^2 + 2x - 3 \quad y = ax^2 + bx + c \ \wedge \ a \neq 0$
Koeffizientenvergleich: $a = 1 \quad b = 2 \quad c = -3$

$x_S = -\dfrac{b}{2a} \quad x_S = -\dfrac{2}{2 \cdot 1} \ ; \ x_S = -1 \ ; \ y_S = f(x_S) \ ; \ y_S = f(-1) \ ; \ y_S = -4$
Scheitelpunkt: $S(-1/-4)$

3. Wir berechnen die Nullstellen der Funktion $y = x^2 + 2x - 3$ d. h. $x^2 + 2x - 3 = 0$

Wir lösen somit die quadratische Gleichung $x^2 + 2x - 3 = 0 \quad a = 1 \ ; \ b = 2 \ ; \ c = -3$

$x_{1;2} = \dfrac{-b \pm \sqrt{b^2 - 4ac}}{2a} \ ; \ x_{1;2} = \dfrac{-2 \pm \sqrt{2^2 - 4 \cdot 1 \cdot (-3)}}{2 \cdot 1} \quad \Rightarrow \quad x_1 = 1 \ ; \ x_2 = -3$

Für die Diskriminante gilt: $D = b^2 + 4ac \quad D = 2^2 - 4 \cdot 1 \cdot (-3) > 0 \quad \Rightarrow$ zwei Nullstellen.
Hinweis: Die quadratische Gleichung kann man auch mittels der Faktorenzerlegung lösen:
$x^2 + 2x - 3 = 0 \quad \Rightarrow \quad (x - 1)(x + 3) = 0 \quad \Rightarrow \quad x_1 = 1 \ ; \ x_2 = -3$
Da wir nun wissen, dass die Parabel nach oben geöffnet ist, sowie den Scheitelpunkt und die Nullstellen der Funktion kennen, können wir die Parabel skizzenhaft in ein kartesisches Koordinatensystem einzeichnen. Der besonders vorsichtige Leser wird sicherlich noch eine kleine Wertetabelle erstellen, die aber nicht unbedingt notwendig ist. In dem

10 Quadratische Ungleichung

Bild unten erkennen wir, dass wir die Parallelen zur y-Achse durch die Nullstellen (1/0) sowie durch (−3/0) gezeichnet haben. Das heißt, wir haben die beiden Relationen $x = 1$ bzw. $x = -3$ eingezeichnet.

Man erkennt nun, dass außerhalb des schraffierten Schlauches, der durch die beiden Relationen $x = 1$ bzw. $x = -3$ begrenzt ist, der Graph der Funktion $y = x^2 + 2x - 3$ sich in der oberen Halbebene $y \geq 0$ (mit x-Achse) befindet. Die Lösung der folgenden Ungleichung ist dann: $x^2 + 2x - 3 \geq 0 \Rightarrow L = \{x \mid x \geq 1 \lor x \leq -3\}$

Man erkennt nun, dass außerhalb des schraffierten Schlauches, der durch die beiden Relationen $x = 1$ bzw. $x = -3$ begrenzt ist, der Graph der Funktion $y = x^2 + 2x - 3$ sich in der oberen Halbebene $y > 0$ (ohne x-Achse) befindet. Die Lösung der folgenden Ungleichung ist dann: $x^2 + 2x - 3 > 0 \Rightarrow L = \{x \mid x > 1 \lor x < -3\}$

Man erkennt nun, dass innerhalb des schraffierten Schlauches, der durch die beiden Relationen $x = 1$ bzw. $x = -3$ begrenzt ist, der Graph der Funktion $y = x^2 + 2x - 3$ sich in der unteren Halbebene $y \leq 0$ (mit x-Achse) befindet. Die Lösung der folgenden Ungleichung ist dann: $x^2 + 2x - 3 \leq 0 \Rightarrow L = \{x \mid -3 \leq x \leq 1\}$

Man erkennt nun, dass innerhalb des schraffierten Schlauches, der durch die beiden Relationen $x = 1$ bzw. $x = -3$ begrenzt ist, der Graph der Funktion $y = x^2 + 2x - 3$ sich in der unteren Halbebene $y < 0$ (ohne x-Achse) befindet. Die Lösung der folgenden Ungleichung ist dann: $x^2 + 2x - 3 < 0 \Rightarrow L = \{x \mid -3 < x < 1\}$

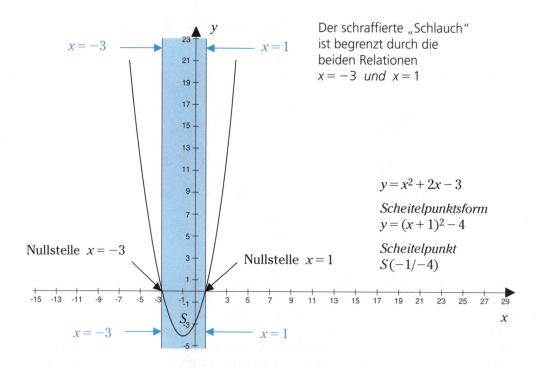

Der schraffierte „Schlauch" ist begrenzt durch die beiden Relationen $x = -3$ und $x = 1$

$y = x^2 + 2x - 3$

Scheitelpunktsform
$y = (x + 1)^2 - 4$

Scheitelpunkt
$S(-1/-4)$

Die quadratische Ungleichung

Beispiel 4
Für die Diskriminante gilt hier: $D = 0$

Gegeben sei die folgende Ungleichung: $x^2 + 8x + 16 \geq 0$
Wegen $a = 1 > 0$ liegt der 1. Fall vor.

$x^2 + 8x + 16 \geq 0$

Diese Ungleichung fassen wir nun als Funktion auf.

$$y = x^2 + 8x + 16 \qquad a = 1 \,;\, b = 8 \,;\, c = 16$$

1. Wegen $a = 1 > 0$ öffnet die Parabel $y = x^2 + 8x + 16$ nach oben.
2. Wir berechnen nun den Scheitelpunkt der Funktion mittels der 1. Methode.
$y = x^2 + 8x + 16 \qquad y = ax^2 + bx + c$ Koeffizientenvergleich $a = 1 \; b = 8 \; c = 16$
$x_s = -\dfrac{b}{2a} \qquad x_s = \dfrac{-8}{2} \cdot 1 \,;\, x_s = -4 \qquad;\qquad y_s = f(x_s) \,;\, y_s = f(-4) \,;\, y_s = 0$
Scheitelpunkt: $S(-4/0)$
3. Wir berechnen die Nullstellen der Funktion: $y = x^2 + 8x + 16$ d.h. $x^2 + 8x + 16 = 0$

Wir lösen somit die quadratische Gleichung $x^2 + 8x + 16 = 0 \quad a = 1 \,;\, b = 8 \,;\, c = 16$

$x_{1;2} = \dfrac{-b \pm \sqrt{b^2 - 4ac}}{2a} \quad;\quad x_{1;2} = \dfrac{-8 \pm \sqrt{8^2 - 4 \cdot 1 \cdot 16}}{2 \cdot 1} \quad \Rightarrow \quad x_1 = x_2 = -4$

Für die Diskriminante gilt: $D = b^2 - 4ac \qquad D = 8^2 - 4 \cdot 1 \cdot 64 = 0 \quad \Rightarrow$ eine Nullstelle.

Hinweis

Die quadratische Gleichung kann man auch mittels der binomischen Formel lösen:
$x^2 + 8x + 16 = 0 \quad \Rightarrow \quad (x + 4)^2 = 0 \quad \Rightarrow \quad x_1 = x_2 = -4$

Da wir nun wissen, dass die Parabel nach oben geöffnet ist, sowie den Scheitelpunkt und die Nullstelle der Funktion kennen, können wir die Parabel skizzenhaft in ein kartesisches Koordinatensystem einzeichnen. Der besonders vorsichtige Leser wird sicherlich noch eine kleine Wertetabelle erstellen, die aber nicht unbedingt notwendig ist.

Man erkennt nun, dass sich der Graph der Funktion $y = x^2 + 8x + 16$ total in der oberen Halbebene $y \geq 0$ (mit x-Achse) befindet. Die Lösung ist dann: $x^2 + 8x + 16 \geq 0 \quad \Rightarrow \quad L = R$

Für die anderen möglichen Ungleichungen erhalten wir dann die folgenden Lösungen:

$x^2 + 8x + 16 > 0 \quad \Rightarrow \quad L = R \setminus \{-4\}$
$x^2 + 8x + 16 \leq 0 \quad \Rightarrow \quad L = \{-4\}$
$x^2 + 8x + 16 < 0 \quad \Rightarrow \quad L = \{\ \}$

10 Quadratische Ungleichung

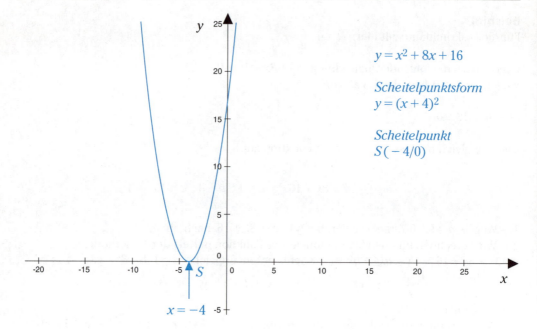

Für den Fall der Diskriminate $D<0$ lässt sich sofort erkennen, dass keine Nullstellen existieren werden, da die quadratische Funktion keine reelle Lösungen ergeben wird. Damit ist automatisch $L=R$ oder $L=\{\ \}$.

10.3 Aufgaben: Die quadratische Ungleichung

1. a) $x^2 - 2x - 35 \geq 0$ b) $x^2 - 2x - 35 > 0$
   c) $x^2 - 2x - 35 \leq 0$ d) $x^2 - 2x - 35 < 0$

2. a) $x^2 - 3x - 40 \geq 0$ b) $x^2 - 3x - 40 > 0$
   c) $x^2 - 3x - 40 \leq 0$ d) $x^2 - 3x - 40 < 0$

3. a) $x^2 - 10x + 25 \geq 0$ b) $x^2 - 10x + 25 > 0$
   c) $x^2 - 10x + 25 \leq 0$ d) $x^2 - 10x + 25 < 0$

4. Lösen Sie die folgenden quadratischen Gleichungen.
   Für welche $k \in R$ erhält man zwei, eine oder keine reelle Lösung?

 Tipp: Betrachten Sie die Diskriminante.
   a) $x^2 + 4x + k = 0$ b) $x^2 + kx - 2x - 2k = 0$

Lösungen

Zu 1: Aufgaben: Potenzgesetze

1. a) $0{,}1^2 = 0{,}01$ b) $0{,}2^2 = 0{,}04$
   c) $0{,}3^2 = 0{,}09$ d) $0{,}4^2 = 0{,}16$

2. a) $0{,}1^3 = 0{,}001$ b) $0{,}2^3 = 0{,}008$
   c) $0{,}3^3 = 0{,}027$ d) $0{,}4^3 = 0{,}064$
   e) $0{,}5^3 = 0{,}125$ f) $1{,}1^3 = 1{,}331$

3. a) $(-2)^2 = (-2) \cdot (-2) = 4$ b) $(-2)^3 = (-2) \cdot (-2) \cdot (-2) = -8$
   c) $-2^2 = (-1) \cdot 2 \cdot 2 = -4$ d) $(-1)^{100} = 1$
   e) $(-1)^{101} = -1$

4. a) $a^{20} \cdot a = a^{20+1} = a^{21}$ b) $a^k \cdot a$ mit $a \neq 0 \Rightarrow a^k \cdot a = a^{k+1}$
   c) $a^2 \cdot a^3 = a^5$ d) $a^{20} \cdot a^3 = a^{23}$

5. a) $a^2 + a^3$ nicht zusammefassbar   b) $a^2 \cdot a^3 = a^5$
   c) $a^3 + a^3 = 2a^3$ d) $a^3 \cdot a^3 = a^6$
   e) $a^{10} : a^2$ für $a \neq 0 \Rightarrow a^{10} : a^2 = a^8$ f) $a^{10} - a^2$ nicht zusammenfassbar
   g) $a^5 : a^5$ für $a \neq 0 \Rightarrow a^5 : a^5 = a^0 = 1$ h) $a^5 - a^5 = 0$

6. a) $a^2 \cdot a^4 = a^6$ b) $(a^2)^4 = a^8$

7. a) $5^0 + a^0$ für $a \neq 0 \Rightarrow 5^0 + a^0 = 1 + 1 = 2$
   b) $(5+a)^0$ für $a \neq -5 \Rightarrow (5+a)^0 = 1$

8. a) $(3x)^2 = 9x^2$ b) $(3x^4)^4 = 81x^{16}$
   c) $(5x^3)^2 \cdot (3x^5)^4 = 25x^6 \cdot 81x^{20} = 2025x^{26}$

9. a) $\dfrac{2^2}{3} = \dfrac{4}{3}$ b) $\dfrac{2^2}{3^2} = \dfrac{4}{9}$
   c) $\dfrac{2}{3^2} = \dfrac{2}{9}$ d) $\left(\dfrac{2}{3}\right)^2 = \dfrac{4}{9}$
   e) $\left(-\dfrac{2}{3}\right)^2 = \dfrac{4}{9}$ f) $\left(-\dfrac{2}{3}\right)^3 = -\dfrac{8}{27}$

10. $\left(\dfrac{5}{4} \cdot x^4\right)^2 = \dfrac{25}{16} \cdot x^8$

Lösungen

11. a) $5 \cdot (3x)^2 = 5 \cdot 9x^2 = 45x^2$ b) $\left(3\frac{1}{4}\right)^2 = \left(\frac{13}{4}\right)^2 = \frac{169}{16}$

 c) $\left(3 \cdot \frac{1}{4}\right)^2 = \left(\frac{3}{4}\right)^2 = \frac{9}{16}$ d) $\left(3 + \frac{1}{4}\right)^2 = \left(\frac{13}{4}\right)^2 = \frac{169}{4}$

12. $x^5 \cdot \frac{1}{x^2}$ für $x \neq 0$ $\Rightarrow$ $x^5 \cdot \frac{1}{x^2} = x^5 : x^2 = x^3$

13. a) $2 \cdot \left(\frac{30}{x^6}\right) \cdot \left(\frac{x^{10}}{6}\right)$ für $x \neq 0$ $\Rightarrow$ $2 \cdot \left(\frac{30}{x^6}\right) \cdot \left(\frac{x^{10}}{6}\right) = 2 \cdot \left(\frac{30}{x^6} \cdot \frac{x^{10}}{6}\right) = 10x^4$

 b) $2 \cdot \left[\left(\frac{30}{x^6}\right) \cdot \left(\frac{x^{10}}{6}\right)\right]$ für $x \neq 0$ $\Rightarrow$ $2 \cdot \left(\frac{30}{x^2}\right) \cdot \left(\frac{x^{10}}{6}\right) = 10x^4$

 c) $2 \cdot \left[\left(\frac{30}{x^6}\right) + \left(\frac{x^{10}}{6}\right)\right]$ für $x \neq 0$ $\Rightarrow$ $2 \cdot \left[\left(\frac{30}{x^6}\right) + \left(\frac{x^{10}}{6}\right)\right] = \frac{60}{x^6} + \frac{x^{10}}{3}$

14. $10^{20} + 10^{20} = 2 \cdot 10^{20}$

15. $5 \cdot 10^{30} + 10^{30} = 6 \cdot 10^{30}$

16. $1{,}5 \cdot 10^{30} + 2 \cdot 10^{31} = 1{,}5 \cdot 10^{30} + 2 \cdot 10 \cdot 10^{30} = 1{,}5 \cdot 10^{30} + 20 \cdot 10^{30} = 21{,}5 \cdot 10^{30}$

Zu 2.3: Aufgaben: Binomische Formeln (Teil I)

1. a) $(x + 12)^2 = x^2 + 24x + 144$
 b) $(x + 12)(x + 12) = (x + 12)^2 = x^2 + 24x + 144$
 c) $(-x - 12)^2 = [(-1) \cdot (x + 12)]^2 = (-1)^2 \cdot (x + 12)^2 = x^2 + 24x + 144$
 d) $-(x + 12)^2 = -(x^2 + 24x + 144) = -x^2 - 24x - 144$
 e) $(-x - 12)(-x - 12) = (-x - 12)^2 = [(-1) \cdot (x + 12)]^2 = (-1)^2 \cdot (x + 12)^2 = x^2 + 24x + 144$
 f) $(x - 12)^2 = x^2 - 24x + 144$
 g) $(12 - x)^2 = 144 - 24x + x^2 = x^2 - 24x + 144$
 h) $-(x - 12)^2 = -(x^2 - 24x + 144) = -x^2 + 24x - 144$
 i) $(x - 12)(x + 12) = x^2 - 144$
 j) $(12 - x)(12 + x) = 144 - x^2$

2. a) $(x - 5)^2 = x^2 - 10x + 25$ b) $(x + 5)^2 = x^2 + 10x + 25$
 c) $(x - 5)(x + 5) = x^2 - 25$

3. a) $(3x - 15)^2 = 9x^2 - 90x + 225$
 b) $3 \cdot (x - 5)^2 = 3 \cdot (x^2 - 10x + 25) = 3x^2 - 30x + 75$
 c) $(0{,}3x - 0{,}3)^2 = 0{,}09x^2 - 0{,}18x + 0{,}09$
 d) $0{,}3 \cdot (x - 1)^2 = 0{,}3 \cdot (x^2 - 2x + 1) = 0{,}3 \cdot x^2 - 0{,}6x + 0{,}3$
 e) $0{,}3 \cdot (x - 1)(x + 1) = 0{,}3 \cdot (x^2 - 1) = 0{,}3x^2 - 0{,}3$
 f) $(0{,}3x - 0{,}3)(0{,}3x + 0{,}3) = 0{,}09x^2 - 0{,}09$

Lösungen

4. a) $(5x - 7)^2 = 25x^2 - 70x + 49$ b) $(5x - 7)(5x + 7) = 25x^2 - 49$
   c) $(6x + 7)^2 = 36x^2 + 84x + 49$ d) $(6x - 7)(6x + 7) = 36x^2 - 49$

5. a) $\left(\dfrac{3}{4} \cdot x - 1\right)^2 = \dfrac{9}{16} \cdot x^2 - \dfrac{3}{2} \cdot x + 1$ b) $\left(\dfrac{5}{7} \cdot x + \dfrac{7}{5}\right)^2 = \dfrac{25}{49} \cdot x^2 + 2x + \dfrac{49}{25}$
   c) $\left(\dfrac{5}{7} \cdot x + \dfrac{7}{5}\right) \cdot \left(\dfrac{5}{7} \cdot x - \dfrac{7}{5}\right) = \dfrac{25}{49} \cdot x^2 - \dfrac{49}{25}$

6. a) $\left(x + \dfrac{1}{x}\right)^2 = x^2 + 2 + \dfrac{1}{x^2}$ für $x \neq 0$ b) $\left(x + \dfrac{1}{x}\right) \cdot \left(x - \dfrac{1}{x}\right) = x^2 - \dfrac{1}{x^2}$ für $x \neq 0$

7. a) $\dfrac{1}{3} \cdot \left(\dfrac{3}{4} \cdot x - \dfrac{4}{3}\right)^2 = \dfrac{1}{3} \cdot \left(\dfrac{9}{16} \cdot x^2 - 2x + \dfrac{16}{9}\right) = \dfrac{3}{16} \cdot x^2 - \dfrac{2}{3} \cdot x + \dfrac{16}{27}$
   b) $\left[\dfrac{1}{3} \cdot \left(\dfrac{3}{4} \cdot x - \dfrac{4}{3}\right)\right]^2 = \left[\dfrac{1}{4} \cdot x - \dfrac{4}{9}\right]^2 = \dfrac{1}{16} \cdot x^2 - \dfrac{2}{9} \cdot x + \dfrac{16}{81}$
   c) $\dfrac{1}{3} \cdot \left(\dfrac{3}{4} \cdot x - \dfrac{4}{3}\right) \cdot \left(\dfrac{3}{4} \cdot x + \dfrac{4}{3}\right) = \dfrac{1}{3} \cdot \left(\dfrac{9}{16} \cdot x^2 - \dfrac{16}{9}\right) = \dfrac{3}{16} \cdot x^2 - \dfrac{16}{27}$

8. a) $(x^3 - x^2)^2 = x^6 - 2x^5 + x^4$ b) $(x^3 + x^2)^2 = x^6 + 2x^5 + x^4$
   c) $(x^6 - x)^2 = x^{12} - 2x^7 + x^2$ d) $(x^6 + x)(x^6 - x) = x^{12} - x^2$

9. a) $\left(\dfrac{1}{x^2} - \dfrac{1}{2x}\right)^2 = \dfrac{1}{x^4} - \dfrac{1}{x^3} + \dfrac{1}{4x^2}$ für $x \neq 0$
   b) $\left(\dfrac{1}{x^2} - \dfrac{1}{2x}\right) \cdot \left(\dfrac{1}{x^2} + \dfrac{1}{2x}\right) = \dfrac{1}{x^4} - \dfrac{1}{4x^2}$ für $x \neq 0$
   c) $\left(\dfrac{1}{x+1} + \dfrac{a}{x-1}\right) \cdot \left(\dfrac{1}{x+1} - \dfrac{a}{x-1}\right) = \dfrac{1}{x^2 + 2x + 1} - \dfrac{a^2}{x^2 - 2x + 1}$ für $x \neq 1 \wedge x \neq -1$

10. a) $\left(\dfrac{a+b}{x+1} - \dfrac{a-b}{x-1}\right) \cdot \left(\dfrac{a+b}{x+1} + \dfrac{a-b}{x-1}\right) = \dfrac{a^2 + 2ab + b^2}{x^2 + 2x + 1} - \dfrac{a^2 - 2ab + b^2}{x^2 - 2x + 1}$ $(x \neq 1 \wedge x \neq -1)$
    b) $\left(\dfrac{4a}{x+1} - \dfrac{3b}{x-1}\right) \cdot \left(\dfrac{4a}{x+1} + \dfrac{3b}{x-1}\right) = \dfrac{16a^2}{x^2 + 2x + 1} - \dfrac{9b^2}{x^2 - 2x + 1}$ $(x \neq 1 \wedge x \neq -1)$
    c) $\left(\dfrac{3}{4} \cdot x^3 - \dfrac{5}{2} \cdot x\right) \cdot \left(\dfrac{3}{4} \cdot x^3 + \dfrac{5}{2} \cdot x\right) \cdot \left(\dfrac{9}{16} \cdot x^6 + \dfrac{25}{4} \cdot x^2\right) =$
    $\left(\dfrac{9}{16} \cdot x^6 - \dfrac{25}{4} \cdot x^2\right) \cdot \left(\dfrac{9}{16} \cdot x^6 + \dfrac{25}{4} \cdot x^2\right) = \dfrac{81}{256} \cdot x^{12} - \dfrac{625}{16} \cdot x^4$
    d) $\left(\dfrac{a^3}{x-3} - \dfrac{5}{x+3}\right) \cdot \left(\dfrac{a^3}{x-3} + \dfrac{5}{x+3}\right) = \dfrac{a^6}{x^2 - 6x + 9} - \dfrac{25}{x^2 + 6x + 9}$ $(x \neq 3 \wedge x \neq -3)$

Lösungen

11. a) $[x+(a+5)] \cdot [x-(a+5)] = x^2 - (a+5)^2 = x^2 - a^2 - 10a - 25$
    b) $[x+3a] \cdot [x-3a] \cdot [x^2+9a^2] = [x^2-9a^2] \cdot [x^2+9a^2] = x^4 - 81a^4$

12. a) $(3a+4b-5c)^2 = 9a^2 + 16b^2 + 25c^2 + 24ab - 30ac - 40bc$
    b) $(3x^3 + 7x^2 + 6)^2 = 9x^6 + 49x^4 + 36 + 42x^5 + 36x^3 + 84x^2$
    c) $\left(\frac{3}{4} \cdot x - \frac{5}{2} \cdot x^2y + \frac{6}{7} \cdot x^3y^2\right)^2$
    $= \frac{9}{16} \cdot x^2 + \frac{25}{4} \cdot x^4y^2 + \frac{36}{49} \cdot x^6y^4 - \frac{15}{4} \cdot x^3y + \frac{9}{7} \cdot x^4y^2 - \frac{30}{7} \cdot x^5y^3$
    d) $\left(\frac{3}{4} \cdot x - \frac{5}{2} \cdot x^2y - \frac{6}{7} \cdot x^3y^2\right)^2$
    $= \frac{9}{16} \cdot x^2 + \frac{25}{4} \cdot x^4y^2 + \frac{36}{49} \cdot x^6y^4 - \frac{15}{4} \cdot x^3y - \frac{9}{7} \cdot x^4y^2 + \frac{30}{7} \cdot x^5y^3$

13. a) $(x+5)^2 = 0 \Rightarrow L = \{-5\}$ b) $\left(\frac{3}{4} \cdot x - \frac{5}{7}\right)^2 = 0 \Rightarrow L = \left\{\frac{20}{21}\right\}$
    c) $x^2 - 25 = 0 \Rightarrow (x-5)(x+5) = 0 \Rightarrow L = \{5; -5\}$
    d) $x^2 + 25 = 0$ Wegen $x^2 \geq 0 \Rightarrow x^2 + 25 \geq 25 \Rightarrow L = \{\ \}$

14. a) $\left(x+\frac{5}{4}\right)^2 - 16 = 0 \Rightarrow \left[\left(x+\frac{5}{4}\right) - 4\right] \cdot \left[\left(x+\frac{5}{4}\right) + 4\right] = 0 \Rightarrow L = \left\{\frac{11}{4}; -\frac{21}{4}\right\}$
    b) $\left(x+\frac{5}{4}\right)^2 + 16 = 0$ Wegen $\left(x+\frac{5}{4}\right)^2 \geq 0 \Rightarrow \left(x+\frac{5}{4}\right)^2 + 16 \geq 16 \Rightarrow L = \{\ \}$
    c) $x \cdot (x^2-9) \cdot (x^2-36) \cdot (x^2+1) = 0 \Rightarrow$ | Es gilt: $x^2 + 1 > 0$
    $x \cdot (x-3) \cdot (x+3) \cdot (x-6) \cdot (x+6) \cdot (x^2+1) = 0 \Rightarrow L = \{0; 3; -3; 6; -6\}$

Zu Aufgaben: Binomische Formeln (Teil II)

1. a) $x^2 + 12x + 36 = (x+6)^2$ b) $x^2 - 12x + 36 = (x-6)^2$
   c) $x^2 + 12x - 36$ nicht weiter zerlegbar   d) $x^2 - 12x - 36$ nicht weiter zerlegbar
   e) $-x^2 + 12x - 36 = -(x^2 - 12x + 36) = -(x-6)^2$
   f) $-x^2 - 12x - 36 = -(x^2 + 12x + 36) = -(x+6)^2$

2. a) $x^2 + 8x + 16 = (x+4)^2$ b) $x^2 - 8x + 16 = (x-4)^2$
   c) $x^2 + 4x + 16$ nicht weiter zerlegbar   d) $x^2 + 16 - 8x = x^2 - 8x + 16 = (x-4)^2$
   e) $x^2 + 16 + 8x = x^2 + 8x + 16 = (x+4)^2$

3. a) $\frac{1}{3} \cdot x^2 + 4x + 12 = \frac{1}{3} \cdot (x^2 + 12x + 36) = \frac{1}{3} \cdot (x+6)^2$
   b) $x^3 - 26x^2 + 169x = x \cdot (x^2 - 26x + 169) = x \cdot (x-13)^2$

Lösungen

4. a) $9x^2 - 42x + 49 = (3x - 7)^2$ b) $9x^2 - 49 = (3x - 7)(3x + 7)$
   c) $9x^2 + 49$ nicht weiter zerlegbar   d) $25x^2 - 60x + 36 = (5x - 6)^2$
   e) $36 - 48x + 16x^2 = (6 - 4x)^2$

5. a) $a^2bx^2 - 6a^2bxy + 9a^2by^2 = a^2b \cdot (x - 3y)^2$
   b) $ab^2x^2 + 6ab^2xy + 9ab^2y^2 = ab^2 \cdot (x + 3y)^2$
   c) $x^6 + 2x^{10} + x^{14} = x^6 \cdot (1 + 2x^4 + x^8) = x^6 \cdot (1 + x^4)^2$
   d) $3x^{11} + 18x^{12} + 27x^{13} = 3x^{11} \cdot (1 + 6x + 9x^2) = 3x^{11} \cdot (1 + 3x)^2$
   e) $36x^3 - 84x^2 + 49x = x \cdot (36x^2 - 84x + 49) = x \cdot (6x - 7)^2$
   f) $\frac{4}{49} \cdot x^2 + \frac{4}{35} \cdot x + \frac{1}{25} = \left(\frac{2}{7} \cdot x + \frac{1}{5}\right)^2$ g) $25 - 5x + \frac{1}{4}x^2 = \left(5 - \frac{1}{2} \cdot x\right)^2$
   h) $\frac{1}{4}x^2 + \frac{1}{16}x + \frac{1}{256} = \left(\frac{1}{2} \cdot x + \frac{1}{16}\right)^2$

6. a) $0{,}2 \cdot x^2 - 2x + 5 = \frac{1}{5} \cdot x^2 - 2x + 5 = \frac{1}{5} \cdot (x^2 - 10x + 25) = \frac{1}{5} \cdot (x - 5)^2$
   b) $100x^2 + 4x - 0{,}04$ nicht weiter zerlegbar wegen $-0{,}04$.
   c) $a^2x^2 + 2bx + \frac{b^2}{a^2} = \left(ax + \frac{b}{a}\right)^2$ für $a \neq 0$
   d) $\frac{1}{3} \cdot x^2 + \frac{2}{9}x + \frac{1}{27} = \frac{1}{3} \cdot \left(x^2 + \frac{2}{3} \cdot x + \frac{1}{9}\right) = \frac{1}{3} \cdot \left(x + \frac{1}{3}\right)^2$

7. a) $0{,}4x^2 - 0{,}4 = 0{,}4 \cdot (x^2 - 1) = 0{,}4 \cdot (x - 1)(x + 1)$ Man beachte! $(0{,}2)^2 = 0{,}04 \neq 0{,}4$
   b) $0{,}04x^2 - 0{,}04 = 0{,}04 \cdot (x^2 - 1) = 0{,}04 \cdot (x - 1)(x + 1)$
   oder $0{,}04x^2 - 0{,}04 = (0{,}2x - 0{,}2)(0{,}2x + 0{,}2)$
   c) $0{,}09x^2 + 0{,}09 = 0{,}09 \cdot (x^2 + 1)$ nicht weiter zerlegbar
   d) $0{,}09x^2 - 0{,}09 = 0{,}09 \cdot (x^2 - 1) = 0{,}09 \cdot (x - 1)(x + 1) = (0{,}3x - 0{,}3)(0{,}3x + 0{,}3)$

8. a) $\frac{1}{x^2} - x^2 = \left(\frac{1}{x} - x\right) \cdot \left(\frac{1}{x} + x\right)$ für $x \neq 0$
   b) $x^4 - 81 = (x^2 - 9)(x^2 + 9) = (x - 3)(x + 3)(x^2 + 9)$ nicht weiter zerlegbar
   c) $x^{16} - x^4 = x^4 \cdot (x^{12} - 1^2) = x^4 \cdot (x^6 - 1)(x^6 + 1)$
   d) $ax^3 - ax = ax \cdot (x^2 - 1) = ax \cdot (x - 1)(x + 1)$
   e) $\frac{1}{3} \cdot x^2 - 27 = \frac{1}{3} \cdot (x^2 - 81) = \frac{1}{3} \cdot (x - 9)(x + 9)$
   f) $\frac{45}{16}x^2 - \frac{64}{5} = \frac{1}{5} \cdot \left(\frac{225}{16}x^2 - 64\right) = \frac{1}{5} \cdot \left(\frac{15}{4} \cdot x - 8\right) \cdot \left(\frac{15}{4} \cdot x + 8\right)$

9. a) $a^2 - 2ab + b^2 - 1 = (a - b)^2 - 1 = [(a - b) - 1] \cdot [(a - b) + 1]$
   b) $a^2 - 6ab + 9b^2 - 25 = (a - 3b)^2 - 25 = [(a - 3b) - 5] \cdot [(a - 3b) + 5]$
   c) $\frac{1}{3} \cdot a^2 + 4ab^4 + 12b^8 - 27 = \frac{1}{3} \cdot (a^2 + 12ab^4 + 36b^8 - 81) = \frac{1}{3} \cdot [(a + 6b^4)^2 - 81] =$
   $\frac{1}{3} \cdot [(a + 6b^4) - 9] \cdot [(a + 6b^4) + 9]$
   d) $a^2 - 2ab + b^2 - c^2 + 6c - 9 = (a - b)^2 - (c^2 - 6c + 9) = (a - b)^2 - (c - 3)^2 =$
   $[(a - b) - (c - 3)] \cdot [(a - b) + (c - 3)]$
   e) $\frac{1}{5} \cdot a^2 - 2ab + 5b^2 - 5 = \frac{1}{5} \cdot (a^2 - 10ab + 25b^2 - 25) = \frac{1}{5} \cdot [(a - 5b)^2 - 25] =$
   $\frac{1}{5} \cdot [(a - 5b) - 5] \cdot [(a - 5b) + 5]$

Lösungen

f) $\dfrac{1}{a^2 + 2ab + b^2} - 1 = \dfrac{1}{(a+b)^2} - 1 = \left[\dfrac{1}{a+b} - 1\right] \cdot \left[\dfrac{1}{a+b} + 1\right]$ für $a \neq -b$

g) $\dfrac{a^2}{b} - \dfrac{c^2 b}{d^2} = \dfrac{1}{b} \cdot \left[a^2 - \dfrac{c^2 b^2}{d^2}\right] = \dfrac{1}{b} \cdot \left[a - \dfrac{cb}{d}\right] \cdot \left[a + \dfrac{cb}{d}\right]$ für $b \neq 0 \;\wedge\; d \neq 0$

10. a) $\dfrac{1}{x^2 + 2x + 1} - \dfrac{2}{x+1} + 1 = \dfrac{1}{(x+1)^2} - 2 \cdot \dfrac{1}{x+1} + 1 = \left[\dfrac{1}{x+1} - 1\right]^2$ für $x \neq -1$

b) $\dfrac{1}{a^2 - 2a + 1} - \dfrac{2}{a^2 - 1} + \dfrac{1}{a^2 + 2a + 1} = \dfrac{1}{(a-1)^2} - 2 \cdot \dfrac{1}{a-1} \cdot \dfrac{1}{a+1} + \dfrac{1}{(a+1)^2} =$
$\left[\dfrac{1}{a-1} - \dfrac{1}{a+1}\right]^2$ für $a \neq 1 \;\wedge\; a \neq -1$

c) $\dfrac{9x^2}{x^2 - 10x + 25} + \dfrac{6xy}{x^2 - 25} + \dfrac{y^2}{x^2 + 10x + 25} = \left(\dfrac{3x}{x-5}\right)^2 + 2 \cdot \left(\dfrac{3x}{x-5}\right) \cdot \left(\dfrac{y}{x+5}\right) + \left(\dfrac{y}{x+5}\right)^2$
$= \left[\left(\dfrac{3x}{x-5}\right) + \left(\dfrac{y}{x+5}\right)\right]^2$ für $x \neq 5 \;\wedge\; x \neq -5$

d) $\dfrac{10}{9x^2 - 24x + 16} + \dfrac{100x}{9x^2 - 16} + \dfrac{250x^2}{9x^2 + 24x + 16} =$
$10 \cdot \left[\dfrac{1}{9x^2 - 24x + 16} + \dfrac{10x}{9x^2 - 16} + \dfrac{25x^2}{9x^2 + 24x + 16}\right] =$
$10 \cdot \left[\left(\dfrac{1}{3x-4}\right)^2 + 2 \cdot \left(\dfrac{1}{3x-4}\right) \cdot \left(\dfrac{5x}{3x+4}\right) + \left(\dfrac{5x}{3x+4}\right)^2\right] = 10 \cdot \left[\dfrac{1}{3x-4} + \dfrac{5x}{3x+4}\right]^2$
für $x \neq \dfrac{4}{3} \;\wedge\; x \neq -\dfrac{4}{3}$

Zu 2.7: Aufgaben: Faktorenzerlegung

1. a) $x^2 + 7x + 6 = (x+1)(x+6)$ b) $x^2 - 7x + 6 = (x-1)(x-6)$
   c) $x^2 - 5x - 6 = (x+1)(x-6)$ d) $x^2 + 5x - 6 = (x-1)(x+6)$
   e) $x^2 + 15x + 56 = (x+8)(x+7)$ f) $x^2 - x - 56 = (x-8)(x+7)$

2. a) $x^2 + 8x + 15 = (x+3)(x+5)$ b) $x^2 - 2x - 15 = (x+3)(x-5)$
   c) $x^2 + 10x + 16 = (x+2)(x+8)$ d) $x^2 - 6x - 16 = (x+2)(x-8)$
   e) $x^2 - x - 30 = (x+5)(x-6)$ f) $x^2 - 6x - 7 = (x+1)(x-7)$

3. a) $3x^2 + 39x + 108 = 3 \cdot (x^2 + 13x + 36) = 3 \cdot (x+9)(x+4)$
   b) $3x^2 - 39x + 108 = 3 \cdot (x^2 - 13x + 36) = 3 \cdot (x-9)(x-4)$
   c) $3x^2 - 15x - 108 = 3 \cdot (x^2 - 5x - 36) = 3 \cdot (x-9)(x+4)$
   d) $3x^2 + 15x - 108 = 3 \cdot (x^2 + 5x - 36) = 3 \cdot (x+9)(x-4)$

Lösungen

4. a) $x^3 - 9x^2 + 14x = x \cdot (x^2 - 9x + 14) = x \cdot (x-7)(x-2)$
   b) $x^3 - 5x^2 - 14x = x \cdot (x^2 - 5x - 14) = x \cdot (x-7)(x+2)$
   c) $x^4 - 13x^2 + 36 = (x^2 - 9)(x^2 - 4) = (x-3)(x+3)(x-2)(x+2)$
   d) $x^4 - 10x^2 + 9 = (x^2 - 9)(x^2 - 1) = (x-3)(x+3)(x-1)(x+1)$

5. a) $x^2 + ax + x + a$ Formen Sie zunächst wie folgt um: $x^2 + x \cdot (a+1) + a$
   Es gilt dann: $a \cdot 1 = a$ sowie $(a+1)$ $\Rightarrow$ $x^2 + ax + x + a = (x+a)(x+1)$
   b) $x^2 - ax - x + a$ Umformen: $x^2 + x \cdot (-a-1) + a$
   Es gilt: $(-a) \cdot (-1) = a$ sowie $(-a-1)$ $\Rightarrow$ $x^2 - ax - x + a = (x-a)(x-1)$
   c) $x^2 + ax - x - a$ Umformen: $x^2 + x \cdot (a-1) - a$
   Es gilt: $a \cdot (-1) = -a$ sowie $(a-1)$ $\Rightarrow$ $x^2 + ax - x - a = (x+a)(x-1)$
   d) $x^2 - ax + x - a$ Umformen: $x^2 + x \cdot (-a+1) - a$
   Es gilt: $(-a) \cdot 1 = -a$ sowie $(-a+1)$ $\Rightarrow$ $x^2 - ax + x - a = (x-a)(x+1)$

6. a) $x^2 + 22x + 120 = 0$ $\Rightarrow$ $(x+10)(x+12) = 0$ $\Rightarrow$ $L = \{-10; -12\}$
   b) $x^2 + 2x - 143 = 0$ $\Rightarrow$ $(x+13)(x-11) = 0$ $\Rightarrow$ $L = \{-13; 11\}$
   c) $x^3 - 2x^2 - 63x = 0$ $\Rightarrow$ $x \cdot (x^2 - 2x - 63) = 0$ $\Rightarrow$ $x \cdot (x+7)(x-9) = 0$ $\Rightarrow$
   $L = \{0; -7; 9\}$
   d) $x^4 - 16x^2 - 225 = 0$ $\Rightarrow$ $(x^2 + 9)(x^2 - 25) = 0$ $\Rightarrow$ $(x^2 + 9)(x+5)(x-5) = 0$ $\Rightarrow$
   $L = \{-5; 5\}$

Zu 3: Aufgaben: Quadratwurzel

1. a) $\sqrt{25} = 5$ b) $\sqrt{0{,}4} \approx 0{,}6324$
   c) $\sqrt{0{,}04} = 0{,}2$ d) $\sqrt{360} \approx 18{,}9737$
   e) $\sqrt{3600} = 60$
   Sind Ihnen die Unterschiede bei den Ergebnissen in Aufgabe 1 aufgefallen?

2. a) $\sqrt{-a+3}$ $\Rightarrow$ $-a+3 \geq 0$ $\Rightarrow$ $-a \geq -3$ $\mid \cdot (-1)$ $\Rightarrow$ $a \leq 3$
   Vorsicht: Das Vorzeichen in der Ungleichung dreht sich durch die Multiplikation!
   Für $a \leq 3$ ist die Wurzel definiert.
   b) $\sqrt{-a}$ $\Rightarrow$ $-a \geq 0$ $\mid \cdot (-1)$ $\Rightarrow$ $a \leq 0$ Vorsicht: Das Vorzeichen dreht!
   Für $a \leq 0$ ist die Wurzel definiert.
   c) $\sqrt{a^2+4}$ Wegen $a^2 \geq 0$ $\Rightarrow$ $a^2 + 4 \geq 4$. Die Wurzel ist für $a \in R$ definiert.

3. a) $\sqrt{90} = \sqrt{9 \cdot 10} = 3 \cdot \sqrt{10}$ b) $\sqrt{250} = \sqrt{25 \cdot 10} = 5 \cdot \sqrt{10}$
   c) $\sqrt{k^3} = |k| \cdot \sqrt{k}$ und wegen $k \in R_0^+$ $|k| \cdot \sqrt{k} = k \cdot \sqrt{k}$
   d) $\sqrt{25 + 25k^2} = \sqrt{25 \cdot (1+k^2)} = 5 \cdot \sqrt{1+k^2}$
   e) $\sqrt{50 + 100k^2} = \sqrt{25 \cdot (2+4k^2)} = 5 \cdot \sqrt{2+4k^2}$

4. a) $\dfrac{2 + \sqrt{4k}}{2}$ mit $k \in R_0^+$ $\Rightarrow$ $\dfrac{2 + 2 \cdot \sqrt{k}}{2} = \dfrac{2 \cdot (1 + \sqrt{k})}{2} = 1 + \sqrt{k}$
   b) $\dfrac{\sqrt{27k} + \sqrt{45}}{3}$ mit $k \in R_0^+$ $\Rightarrow$ $\dfrac{3 \cdot (\sqrt{3k} + \sqrt{5})}{3} = \sqrt{3k} + \sqrt{5}$
   c) $\dfrac{\sqrt{125} + \sqrt{50k}}{5}$ mit $k \in R_0^+$ $\Rightarrow$ $\dfrac{5 \cdot (\sqrt{5} + \sqrt{2k})}{5} = \sqrt{5} + \sqrt{2k}$

Lösungen

5. a) $6 \cdot \sqrt{3} = \sqrt{36 \cdot 3} = \sqrt{108}$
    b) $-2 \cdot \sqrt{3} = -\sqrt{4 \cdot 3} = -\sqrt{12}$ Das Minuszeichen muss vor der Wurzel bleiben!
    c) $a \cdot \sqrt{b}$ mit $a\,;b \in R_0^+$ $\Rightarrow$ $\sqrt{a^2 b}$
    d) $a \cdot \sqrt{b}$ mit $a \in R_0^-$ $\wedge$ $b \in R_0^+$ $\Rightarrow$ $\underbrace{-(-a)}_{\geq 0} \cdot \sqrt{b} = -\sqrt{(-a)^2 b} = -\sqrt{a^2 b}$

6. a) $\sqrt{\sqrt{81}} - \sqrt{3} = 3 - \sqrt{3}$
    b) $(\sqrt{3} + 4 \cdot \sqrt{7})^2 = 3 + 8 \cdot \sqrt{21} + 112 = 115 + 8 \cdot \sqrt{21}$
    c) $\left(\dfrac{\sqrt{3}}{2} + \dfrac{2}{\sqrt{48}}\right)^2 = \dfrac{3}{4} + 2 \cdot \dfrac{\sqrt{3}}{\sqrt{48}} + \dfrac{4}{48} = \dfrac{4}{3}$
    d) $\left(\sqrt{\dfrac{3}{8}} + \sqrt{\dfrac{5}{7}}\right)^2 = \dfrac{3}{8} + 2 \cdot \sqrt{\dfrac{15}{56}} + \dfrac{5}{7} = \dfrac{61}{56} + 2 \cdot \sqrt{\dfrac{15}{56}}$
    e) $(\sqrt{7} - \sqrt{6} + 2 \cdot \sqrt{3})^2 = 7 + 6 + 12 - 2 \cdot \sqrt{42} + 4 \cdot \sqrt{21} - 12 \cdot \sqrt{2}$ $\Rightarrow$
    $(\sqrt{7} - \sqrt{6} + 2 \cdot \sqrt{3})^2 = 25 - 2 \cdot \sqrt{42} + 4 \cdot \sqrt{21} - 12 \cdot \sqrt{2}$
    f) $\left(\dfrac{1}{\sqrt{2}} + \dfrac{\sqrt{2}}{3}\right) \cdot \left(\dfrac{1}{\sqrt{2}} - \dfrac{\sqrt{2}}{3}\right) = \dfrac{1}{2} - \dfrac{2}{9} = \dfrac{5}{18}$

7. a) $\sqrt{225a^2 + 64a^2} = \sqrt{289a^2} = 17 \cdot |a|$
    b) $\sqrt{225a^2} + \sqrt{64a^2} = 15 \cdot |a| + 8 \cdot |a| = 23 \cdot |a|$
    c) $(\sqrt{225a^2} + \sqrt{64a^2}) = (23 \cdot |a|)^2 = 529a^2$
    Beachten Sie: $|a|^2 = |a| \cdot |a| = |a^2|$ mit $a^2 \geq 0$ $\Rightarrow$ $|a^2| = a^2$

8. a) $\sqrt{-a^2}$ definiert für $-a^2 \geq 0$ $|\cdot(-1)$ $\Rightarrow$ $a^2 \leq 0$ $\Rightarrow$ $a = 0$ $\Rightarrow$ $\sqrt{-a^2} = 0$
    Achtung: Das Minuszeichen dreht!
    b) $\sqrt{x-3} = 0$ $D = \{x | x \geq 3\}$ $L = \{3\}$

9. Die Festlegung $a\,;b \in R$ mit $ab \geq 0$ ist nicht hinreichend. Dies können wir mit einem kleinen Beispiel zeigen:
    $\sqrt{36} = \sqrt{(-2) \cdot (-18)}$ unzulässige Aufspaltung: $\Rightarrow$ $\sqrt{(-2) \cdot (-18)} = \sqrt{-2} \cdot \sqrt{-18}$
    denn: $\sqrt{-2}\,; \sqrt{-18} \notin R$

Zu 4: Aufgaben: Quadratische Gleichungen

1. $x^2 - x = 30$ | -30 Herstellen der Form: $x^2 + bx + c = 0$
    $x^2 - x - 30 = 0$ $\Rightarrow$ $(x-6)(x+5) = 0$
    Da ein Produkt Null ist, wenn ein Faktor Null ist, erkennen wir die Lösungsmenge L sofort: $L = \{6\,; -5\}$

Lösungen

2. $\frac{1}{3} \cdot x^2 + \frac{32}{3} = 4x \quad -4x$ Herstellen der Form: $x^2 + bx + c = 0$

   $\frac{1}{3} \cdot x^2 - 4x + \frac{32}{3} = 0 \quad \cdot 3$ Herstellen der Form: $x^2 + bx + c = 0$

   $\Rightarrow x^2 - 12x + 32 = 0$
   $\Rightarrow (x-4)(x-8) = 0$

   Da ein Produkt Null ist, wenn ein Faktor Null ist, erkennen wir die Lösungsmenge L sofort: $L = \{4\,;8\}$

3. $x^2 + 36x = -324$

   > Um einen Koeffizientenvergleich durchführen zu können, müssen wir zuerst die richtige Form herstellen. Das heißt, auf der rechten Seite der Gleichung darf nur Null stehen.

   $x^2 + 36x = -324 \quad | \quad +324$
   Nun erfolgt der Koeffizientenvergleich. Beachten Sie dabei die Vorzeichen!
   $x^2 + 36x + 324 = 0$
   $ax^2 + bx + c = 0 \quad \wedge \quad a \neq 0 \quad \Rightarrow \quad a = 1 \quad \Rightarrow \quad b = 36 \quad \Rightarrow \quad c = 324$
   Diese Koeffizienten setzen wir nun in die oben hergeleitete Formel ein und erhalten dann die Lösung.

   $x_1 = \frac{-b + \sqrt{b^2 - 4ac}}{2a} \quad \vee \quad x_2 = \frac{-b - \sqrt{b^2 - 4ac}}{2a}$

   $x_1 = \frac{-36 + \sqrt{36^2 - 4 \cdot 1 \cdot 324}}{2 \cdot 1} \quad ; \quad x_2 = \frac{-36 - \sqrt{36^2 - 4 \cdot 1 \cdot 324}}{2 \cdot 1}$

   $\Rightarrow L = \{-18\}$

   Wie der Leser erkennt gilt für die Diskriminante $D = (36)^2 - 4 \cdot 1 \cdot 324 = 0 \quad \Rightarrow$
   Es gibt nur eine reelle Lösung.

4. $x^2 - 10x = -50$

   > Um einen Koeffizientenvergleich durchführen zu können, müssen wir zuerst die richtige Form herstellen. Das heißt, auf der rechten Seite der Gleichung darf nur Null stehen.

   $x^2 - 10x = -50 \quad | \quad +50$
   Nun erfolgt der Koeffizientenvergleich. (Vorzeichen beachten!)
   $x^2 - 10x + 50 = 0$
   $ax^2 + bx + c = 0 \quad \wedge \quad a \neq 0 \quad \Rightarrow \quad a = 1 \quad b = -10 \quad c = 50$
   Diese Koeffizienten setzen wir nun in die oben hergeleitete Formel ein und erhalten dann die Lösung.

   $x_1 = \frac{-b + \sqrt{b^2 - 4ac}}{2a} \quad \vee \quad x_2 = \frac{-b - \sqrt{b^2 - 4ac}}{2a}$

   $x_1 = \frac{10 + \sqrt{10^2 - 4 \cdot 1 \cdot 50}}{2 \cdot 1} \quad ; \quad x_2 = \frac{10 - \sqrt{10^2 - 4 \cdot 1 \cdot 50}}{2 \cdot 1} \quad \Rightarrow L = \{\ \}$

   Für die Diskriminante gilt: $D = 10^2 - 4 \cdot 1 \cdot 50 = -100 < 0 \quad \Rightarrow \quad$ keine reelle Lösung.

Lösungen

5. $x^2 = 28x - 196$
   $x^2 = 28x - 196 \quad | \quad -28x$
   $x^2 - 28x = -196$
   1. Schritt: $28x \quad | \quad :x \quad \Rightarrow \quad 28$
   2. Schritt: $28 \quad | \quad :2 \quad \Rightarrow \quad 14$
   3. Schritt: $14 \quad |^2 \quad \Rightarrow \quad 14^2 = 196$
   $x^2 - 28x + 14^2 = -196 + 196$
   $(x-14)^2 = 0 \quad | \quad \sqrt{}$
   $x - 14 = 0 \quad \Rightarrow \quad x_1 = x_2 = 14 \quad \Rightarrow \quad L = \{14\}$

6. $x^2 + 10x = -50$
   Wir bilden die quadratische Ergänzung.
   1. Schritt: $10x \quad | \quad :x \quad \Rightarrow \quad 10$
   2. Schritt: $10 \quad | \quad :2 \quad \Rightarrow \quad 5$
   3. Schritt: $5 \quad |^2 \quad \Rightarrow \quad 5^2 = 25$
   $x^2 + 10x + 5^2 = -50 + 25$
   $(x+5)^2 = -50 \quad \Rightarrow \quad L = \{\ \} \text{ denn } (x+5)^2 \geq 0 \text{ sowie } \sqrt{-50} \notin R.$

Zu 5: Weiteres zu quadratischen Gleichungen

1. $9x^2 - 36x + 36 = 0$

   1. Lösungsmöglichkeit: Binomische Formel $a^2 - 2ab + b^2 = (a-b)^2$
   $9x^2 - 36x + 36 = 0 \quad | \quad :9$
   $x^2 - 4x + 40 = 0 \quad \Rightarrow \quad (x-2)^2 = 0 \quad \Rightarrow \quad L = \{2\}$

   2. Lösungsmöglichkeit: Koeffizientenvergleich
   $9x^2 - 36x + 36 = 0 \quad | \quad :9$
   $x^2 - 4x + 4 = 0 \quad \Big| \quad a = 1;\ b = -4;\ c = 4 \quad \Big| \quad x_{1;2} = \dfrac{-b \pm \sqrt{b^2 - 4ac}}{2a}$

   $x_1 = \dfrac{-(-4) + \sqrt{(-4)^2 - 4 \cdot 1 \cdot 4}}{2 \cdot 1} \quad \Rightarrow \quad x_1 = 2$

   $x_2 = \dfrac{-(-4) - \sqrt{(-4)^2 - 4 \cdot 1 \cdot 4}}{2 \cdot 1} \quad \Rightarrow \quad x_2 = 2$

   Wegen $D = (-4)^2 - 4 \cdot 1 \cdot 4 = 0$ eine reelle Lösung: $L = \{2\}$

   3. Lösungsmöglichkeit: Quadratische Ergänzung
   $9x^2 - 36x + 36 = 0 \quad | \quad :9$
   $x^2 - 4x + 4 = 0 \quad | \quad -4$
   $x^2 - 4x \quad\quad = -4 \quad |$ quadratische Ergänzung
   $x^2 - 4x + 2^2 = -4 + 4$
   $(x-2)^2 = 0 \quad \Rightarrow \quad L = \{2\}$

Lösungen

2. $4x^2 + 4x - 3 = 0$

   1. Lösungsmöglichkeit: Koeffizientenvergleich
   $ax^2 + bx + c = 0 \quad \wedge \quad a \neq 0 \quad \Rightarrow \quad a = 4 \; ; \; b = 4 \; ; \; c = -3$

   $x_1 = \dfrac{-4 + \sqrt{4^2 - 4 \cdot 4 \cdot (-3)}}{2 \cdot 4}$ $\quad\Big|\quad$ Lösung $\quad x_1 = \dfrac{-b + \sqrt{b^2 - 4ac}}{2a} \quad \Rightarrow$

   $x_1 = \dfrac{1}{2} \quad\Big|\quad D = 4^2 - 4 \cdot 4 \cdot (-3) = 64 > 0 \quad \Rightarrow \quad$ zwei reelle Lösungen

   $x_2 = \dfrac{-4 - \sqrt{4^2 - 4 \cdot 4 \cdot (-3)}}{2 \cdot 4}$ $\quad\Big|\quad$ Lösung $\quad x_2 = \dfrac{-b - \sqrt{b^2 - 4ac}}{2a} \quad \Rightarrow$

   $x_2 = -\dfrac{3}{2} \quad\Big|\quad D = 4^2 - 4 \cdot 4 \cdot (-3) = 64 > 0 \quad \Rightarrow \quad$ zwei reelle Lösungen

   $L = \left\{ \dfrac{1}{2} \; ; \; -\dfrac{3}{2} \right\}$

   2. Lösungsmöglichkeit: Quadratische Ergänzung
   $4x^2 + 4x - 3 = 0 \quad | \; +3 \quad | \; : 4$

   $x^2 + x = \dfrac{3}{4} \quad\Big|\quad$ quadratische Ergänzung

   $x^2 + x + \left(\dfrac{1}{2}\right)^2 = \dfrac{3}{4} + \dfrac{1}{4}$

   $\left(x + \dfrac{1}{2}\right)^2 = 1 \quad\Big|\quad \sqrt{} \quad \Rightarrow \quad x_1 = 1 - \dfrac{1}{2} \; ; \; x_1 = \dfrac{1}{2}$

   $x_2 = -1 - \dfrac{1}{2} \; ; \; x_2 = -\dfrac{3}{2}$

   $L = \left(\dfrac{1}{2} \; ; \; \dfrac{-3}{2} \right)$

3. $4x^2 - 12x + 9 = 0$

   1. Lösungsmöglichkeit: Koeffizientenvergleich
   $a = 4 \; ; \; b = -12 \; ; \; c = 9$

   $x_1 = \dfrac{-(-12) + \sqrt{(-12)^2 - 4 \cdot 4 \cdot 9}}{2 \cdot 4} \quad\Big|\quad$ Lösung $\quad x_1 = \dfrac{-b + \sqrt{b^2 - 4ac}}{2a} \quad \Rightarrow \quad x_1 = \dfrac{3}{2}$

   $D = (-12)^2 - 4 \cdot 4 \cdot 9 = 0 \quad \Rightarrow \quad$ eine reelle Lösung

   $x_2 = \dfrac{-(-12) - \sqrt{(-12)^2 - 4 \cdot 4 \cdot 9}}{2 \cdot 4} \quad\Big|\quad$ Lösung $\quad x_2 = \dfrac{-b - \sqrt{b^2 - 4ac}}{2a} \quad \Rightarrow \quad x_2 = \dfrac{3}{2}$

   $D = (-12)^2 - 4 \cdot 4 \cdot 9 = 0 \quad \Rightarrow \quad$ eine reelle Lösung

   $x_1 = x_2 = \dfrac{3}{2} \quad \Rightarrow \quad L = \left\{ \dfrac{3}{2} \right\}$

   2. Lösungsmöglichkeit: Binomische Formel
   $4x^2 - 12x + 9 = 0 \quad \Rightarrow \quad (2x - 3)^2 = 0 \quad \Rightarrow \quad x_1 = x_2 = \dfrac{3}{2} \quad \Rightarrow \quad L = \left\{ \dfrac{3}{2} \right\}$

Lösungen

4. $x^2 - x + 10 = 0$

   1. Lösungsmöglichkeit: Koeffizientenvergleich
   $a = 1$; $b = -1$; $c = 10$
   $$x_1 = \frac{-(-1) + \sqrt{(-1)^2 - 4 \cdot 1 \cdot 10}}{2 \cdot 1} \qquad \text{Lösung} \quad x_1 = \frac{-b + \sqrt{b^2 - 4ac}}{2a}$$
   $D = (-1)^2 - 4 \cdot 10 = -39 < 0 \Rightarrow$ keine reelle Lösung $L = \{\ \}$

   2. Lösungsmöglichkeit: Quadratische Ergänzung
   $x^2 - x + 10 = 0 \quad | \quad -10$
   $x^2 - x = -10 \quad | \quad$ quadratische Ergänzung
   $x^2 - x + \left(\frac{1}{2}\right)^2 = -10 + \frac{1}{4}$

   $\left(x - \frac{1}{2}\right)^2 = -\frac{39}{4} \Rightarrow \quad$ denn $\left(x - \frac{1}{2}\right)^2 \geq 0$ sowie $\sqrt{-\frac{39}{4}} \notin \mathbb{R} \Rightarrow L = \{\ \}$

Zu 5.6: Aufgaben: Quadratische Gleichung

5. a) $x^2 + k = 0 \quad | \quad -k \Rightarrow x^2 = -k \quad | \quad \sqrt{} \Rightarrow x = \pm\sqrt{-k}$
   $L = \{\sqrt{-k}\ ;\ -\sqrt{-k}\}$ für $k < 0$ zwei reelle Lösungen
   $L = \{0\}$ für $k = 0$ eine reelle Lösung
   $L = \{\ \}$ für $k > 0$ keine reelle Lösung
   b) $x^2 - x = 0 \Rightarrow x \cdot (x - 1) = 0 \Rightarrow L = \{0\ ;\ 1\}$
   c) $(x - 7)(x + 3) = 0 \quad L = \{-3\ ;\ 7\}$

6. a) $(x - 3)(x + 5) - (x - 3) = 0 \Rightarrow (x - 3)[(x + 5) - 1] = 0$
   $\Rightarrow (x - 3)(x + 4) = 0 \Rightarrow L = \{-4\ ;\ 3\}$
   b) $(x - 1) - x \cdot (x + 2) = 0 \Rightarrow -x^2 - x - 1 = 0 \quad | \quad \cdot(-1) \Rightarrow x^2 + x + 1 = 0$
   $a = 1 \quad b = 1 \quad c = 1 \Rightarrow x_{1;2} = \frac{-1 \pm \sqrt{1^2 - 4 \cdot 1 \cdot 1}}{2 \cdot 1}$ mit $D = -3 < 0$
   $\Rightarrow L = \{\ \}$

7. a) $x^2 - 5x + 6 = 0 \Rightarrow (x - 3)(x - 2) = 0 \Rightarrow L = \{2\ ;\ 3\}$
   b) $x^2 + 5x + 6 = 0 \Rightarrow (x + 3)(x + 2) = 0 \Rightarrow L = \{-2\ ;\ -3\}$
   c) $x^2 - 5x - 6 = 0 \Rightarrow (x - 6)(x + 1) = 0 \Rightarrow L = \{-1\ ;\ 6\}$
   d) $x^2 = -x \quad | \quad +x \Rightarrow x^2 + x = 0 \Rightarrow x \cdot (x + 1) = 0 \Rightarrow L = \{-1\ ;\ 0\}$

8. a) $160x^2 - 320x + 160 = 0 \quad | \quad :160 \Rightarrow x^2 - 2x + 1 = 0 \Rightarrow (x - 1)^2 = 0$
   $\Rightarrow L = \{1\}$
   b) $x^2 - 14x + 49 = 0 \Rightarrow (x - 7)^2 = 0 \Rightarrow L = \{7\}$
   c) $x \cdot (x - 1) - x^2 + x = 0 \Rightarrow 0 = 0 \Rightarrow L = G \quad G = \text{Grundmenge}$
   d) $x^2 - 8x + 40 = 0 \quad a = 1 \quad b = -8 \quad c = 40 \Rightarrow$
   $x_{1;2} = \frac{-(-8) \pm \sqrt{(-8)^2 - 4 \cdot 1 \cdot 40}}{2 \cdot 1}$ mit $D = -96 < 0 \Rightarrow L = \{\ \}$
   e) $x^2 - 20x + 100 = 0 \Rightarrow (x - 10)^2 = 0 \Rightarrow L = \{10\}$
   f) $x^2 - \sqrt{3} = 0 \quad | \quad +\sqrt{3} \Rightarrow x^2 = \sqrt{3} \Rightarrow L = \left\{-\sqrt{\sqrt{3}}\ ;\ \sqrt{\sqrt{3}}\right\}$

Lösungen

9. $x^2 - a^2 - 1 = 0 \quad | \ +a^2 + 1 \Rightarrow x^2 = a^2 + 1 \Rightarrow L = \{\sqrt{a^2+1}\,;\, -\sqrt{a^2+1}\}$

   Es gibt immer zwei reelle Lösungen für alle $a \in R$, denn es gilt:
   $a^2 \geq 0 \Rightarrow a^2 + 1 \geq 1$

10. a) $28x^2 - 37x + 12 = 0 \quad a = 28\,;\, b = -37\,;\, c = 12$

    $x_{1;2} = \dfrac{-(-37) \pm \sqrt{(-37)^2 - 4 \cdot 28 \cdot 12}}{2 \cdot 28} \Rightarrow L = \left\{\dfrac{3}{4}\,;\, \dfrac{4}{7}\right\}$

    b) $x^2 - x \cdot \sqrt{5} = 10 \quad | \ -10 \Rightarrow x^2 - x \cdot \sqrt{5} - 10 = 0$

    $a = 1\,;\, b = -\sqrt{5}\,;\, c = -10\,;\, x_{1;2} = \dfrac{-(-\sqrt{5}) \pm \sqrt{(-\sqrt{5})^2 - 4 \cdot 1 \cdot (-10)}}{2 \cdot 1}$

    $\Rightarrow L = \{-\sqrt{5}\,;\, 2 \cdot \sqrt{5}\}$

11. a) Anwenden der Faktorenzerlegung:
    $x^2 + rx + sx + rs = 0 \Rightarrow x^2 + x \cdot (r+s) + rs = 0 \Rightarrow$
    $(x+r)(x+s) = 0 \Rightarrow L = \{-r\,;\, -s\}$

    b) $x^2 + x + rx + r = 0 \Rightarrow x^2 + x \cdot (1+r) + r = 0 \Rightarrow$
    $(x+1)(x+r) = 0 \Rightarrow L = \{-1\,;\, -r\}$

    c) $x^2 + rx - x - r = 0 \Rightarrow x^2 + x \cdot (r-1) - r = 0 \Rightarrow$
    $(x-1)(x+r) = 0 \Rightarrow L = \{1\,;\, -r\}$

    d) $x^2 - 2x \cdot \sqrt{r} - 3r = 0 \quad a = 1\,;\, b = -2 \cdot \sqrt{r}\,;\, c = -3r$

    $x_{1;2} = \dfrac{-(-2 \cdot \sqrt{r}) \pm \sqrt{(-2 \cdot \sqrt{r})^2 - 4 \cdot 1 \cdot (-3r)}}{2 \cdot 1} \Rightarrow x_{1;2} = \dfrac{2 \cdot \sqrt{r} \pm 4 \cdot \sqrt{r}}{2} \Rightarrow$

    $L = \{-\sqrt{r}\,;\, 3 \cdot \sqrt{r}\}$

12. a) $(x-5)(x+1) = 0 \Rightarrow x^2 - 4x - 5 = 0$
    b) $x \cdot (x+1) = 0 \Rightarrow x^2 + x = 0$
    c) $(x-5)^2 = 0 \Rightarrow x^2 - 10x + 25 = 0$

13. a) $x^2 - kx - 2x + 4 = 0 \Rightarrow x^2 + x \cdot (-k-2) + 4 = 0$
    $a = 1\,;\, b = -k-2\,;\, c = 4$
    $D = b^2 - 4ac \Rightarrow D = (-k-2)^2 - 4 \cdot 1 \cdot 4 = 0 \Rightarrow k^2 + 4k - 12 = 0 \Rightarrow$
    $(k+6)(k-2) = 0 \Rightarrow$ Für $k = -6 \ \vee \ k = 2$ gibt es eine reelle Lösung.

    b) $x^2 - kx + 4x - 2k = 0 \Rightarrow x^2 + x \cdot (-k+4) - 2k = 0$
    $a = 1\,;\, b = -k+4\,;\, c = -2k$
    $D = b^2 - 4ac \Rightarrow D = (-k+4)^2 - 4 \cdot 1 \cdot (-2k) \Rightarrow D = k^2 + 16 > 0 \Rightarrow$
    Es gibt immer zwei reelle Lösungen.

    c) $x^2 - x - 5 + k = 0 \quad a = 1\,;\, b = -1\,;\, c = -5 + k$
    $D = b^2 - 4ac \Rightarrow D = (-1)^2 - 4 \cdot 1 \cdot (-5+k) \Rightarrow D = -4k + 21$

    zwei reelle Lösungen für $\quad D = -4k + 21 > 0 \Rightarrow k < \dfrac{21}{4}$

    eine reelle Lösung für $\quad D = -4k + 21 = 0 \Rightarrow k = \dfrac{21}{4}$

    keine reelle Lösung für $\quad D = -4k + 21 < 0 \Rightarrow k > \dfrac{21}{4}$

Lösungen

14. $kx^2 - x + k = 0$ $a = k$; $b = -1$; $c = k$ $D = b^2 - 4ac$ $\Rightarrow$ $D = (-1)^2 - 4 \cdot k \cdot k$
    $-4k^2 + 1 = 0$ $\Rightarrow$ Für $k = \frac{1}{2}$ ∨ $k = -\frac{1}{2}$ gibt es eine reelle Lösung.

15. $x^2 + px + q = 0$ $a = 1$ $b = p$ $c = q$ Einsetzen in:
    $$x_{1;2} = \frac{-b \pm \sqrt{b^2 - 4ac}}{2a} \Rightarrow x_{1;2} = \frac{-p \pm \sqrt{p^2 - 4q}}{2} \quad \text{q.e.d.}$$

16. a) $(x-2)(x-3)(x+5) = x^3 + (x-2)(x-5) - 12 - 8x$
    $(x+8)(x-4) = 0$ $\Rightarrow$ $L = \{-8; 4\}$

    b) $D = R \setminus \{8; -2; 5\}$: $\dfrac{1}{x-8} = \dfrac{33}{x+2} - \dfrac{8}{x-5}$ $\Big| \cdot (x-8)(x+2)(x-5) \Rightarrow$
    $4x^2 - 63x + 243 = 0$ $a = 4$ $b = -63$ $c = 243$ $\Rightarrow$
    $$x_{1;2} = \frac{-(-63) \pm \sqrt{(-63)^2 - 4 \cdot 4 \cdot 243}}{2 \cdot 4} \Rightarrow L = \left\{\frac{27}{4}; 9\right\}$$

    c) $D = R \setminus \{-8; -2; -3\}$: $\dfrac{10}{x+8} = \dfrac{8}{x+2} - \dfrac{5}{x+3}$ $\Big| \cdot (x+8)(x+2)(x+3) \Rightarrow$
    $7x^2 + 12x - 52 = 0$ $a = 7$ $b = 12$ $c = -52$ $\Rightarrow$
    $$x_{1;2} = \frac{-12 \pm \sqrt{12^2 - 4 \cdot 7 \cdot (-52)}}{2 \cdot 7} \Rightarrow L = \left\{-\frac{26}{7}; 2\right\}$$

17. a) Es gilt: $x_1 = \dfrac{-p + \sqrt{p^2 - 4q}}{2}$; $x_2 = \dfrac{-p - \sqrt{p^2 - 4q}}{2}$ $\Rightarrow$

    $x_1 + x_2 = \dfrac{-p + \sqrt{p^2 - 4q}}{2} + \dfrac{-p - \sqrt{p^2 - 4q}}{2}$ $\Rightarrow$ $x_1 + x_2 = \dfrac{-2p}{2}$ $\Rightarrow$

    $x_1 + x_2 = -p$ q.e.d.

    $x_1 = \dfrac{-p + \sqrt{p^2 - 4q}}{2}$; $x_2 = \dfrac{-p - \sqrt{p^2 - 4q}}{2}$ $\Rightarrow$

    $x_1 \cdot x_2 = [-1] \cdot \left[\dfrac{p - \sqrt{p^2 - 4q}}{2}\right] \cdot [-1] \cdot \left[\dfrac{p + \sqrt{p^2 - 4q}}{2}\right]$

    $x_1 \cdot x_2 = \dfrac{p^2 - (p^2 - 4q)}{4}$ $\Rightarrow$ $x_1 \cdot x_2 = \dfrac{4q}{4}$ $\Rightarrow$ $x_1 \cdot x_2 = q$ q.e.d.

    b) $x_1 + x_2 = -\dfrac{b}{a}$ $\Rightarrow$ $\dfrac{1}{2} + x_2 = -\dfrac{4}{4}$ $\Rightarrow$ $x_2 = -\dfrac{3}{2}$

    $x_1 \cdot x_2 = \dfrac{c}{a}$ $\Rightarrow$ $\dfrac{1}{2} \cdot \left(-\dfrac{3}{2}\right) = \dfrac{c}{4}$ $\Rightarrow$ $c = -3$

    c) $x_1 \cdot x_2 = \dfrac{c}{a}$ $\Rightarrow$ $5 \cdot x_2 = \dfrac{-10}{3}$ $\Rightarrow$ $x_2 = -\dfrac{2}{3}$

    $x_1 + x_2 = -\dfrac{b}{a}$ $\Rightarrow$ $5 + \left(-\dfrac{2}{3}\right) = -\dfrac{b}{3}$ $\Rightarrow$ $b = -13$

Lösungen

d) $x_1 + x_2 = -\dfrac{b}{a} \Rightarrow a = \dfrac{-b}{x_1 + x_2}$ sowie $x_1 \cdot x_2 = \dfrac{c}{a} \Rightarrow a = \dfrac{c}{x_1 \cdot x_2}$

Gleichsetzungsverfahren:

$a = a \Rightarrow \dfrac{-b}{x_1 + x_2} = \dfrac{c}{x_1 \cdot x_2} \quad \Big| \cdot (x_1 + x_2) \cdot x_1 \cdot x_2 \Rightarrow$

$-b \cdot x_1 \cdot x_2 = c \cdot (x_1 + x_2) \quad | \; -cx_2 \; | \; \cdot (-1) \Rightarrow b \cdot x_1 \cdot x_2 + cx_2 = -cx_1 \Rightarrow$

$x_2 \cdot (bx_1 + c) = -cx_1 \quad | \; : (bx_1 + c) \Rightarrow x_2 = \dfrac{-c \cdot x_1}{bx_1 + c} \Rightarrow x_2 = -\dfrac{1}{3}$

$a = \dfrac{-b}{x_1 + x_2} \Rightarrow a = 3$

Einige der folgenden Aufgaben werden mittels der Methode der quadratischen Ergänzung gelöst, wobei parallel die Faktorzerlegung gezeigt wird. Es sei jedem Benutzer überlassen, welche Methode er bevorzugen möchte. Die Ergebnisse müssen jedenfalls übereinstimmen.

18. a) $x^2 - x - 72 = 0 \quad | \; +72$ oder Faktorzerlegung:
$\quad\quad x^2 - x = 72$ $x^2 - x - 72 = 0$
$\quad\quad x^2 - x + \left(\dfrac{1}{2}\right)^2 = 72 + \dfrac{1}{4}$ $\Rightarrow (x+8)(x-9) = 0$
$\quad\quad \left(x - \dfrac{1}{2}\right)^2 = \dfrac{289}{4} \quad \Big| \; \sqrt{}$ $\Rightarrow L = \{-8; 9\}$
$\quad\quad x_1 = \dfrac{1}{2} + \dfrac{17}{2} \Rightarrow x_1 = 9 \; ; \; x_2 = -8$
$\quad\quad L = \{-8; 9\}$

b) $x^2 - 2x - 48 = 0 \quad | \; +48$ oder Faktorzerlegung:
$\quad\quad x^2 - 2x = 48$ $x^2 - 2x - 48 = 0$
$\quad\quad x^2 - 2x + 1^2 = 48 + 1$ $\Rightarrow (x+6)(x-8) = 0$
$\quad\quad (x - 1)^2 = 49 \quad | \; \sqrt{}$ $\Rightarrow L = \{-6; 8\}$
$\quad\quad x_1 = 1 + 7 \Rightarrow x_1 = 8 \; ; \; x_2 = -6$
$\quad\quad L = \{-6; 8\}$

c) $15x^2 - 11x + 2 = 0 \quad | \; -2 \; | \; :15$ d) $2x^2 - 17x + 35 = 0 \quad | \; -35 \; | \; :2$

$\quad x^2 - \dfrac{11}{15}x = -\dfrac{2}{15}$ $x^2 - \dfrac{17}{2}x = -\dfrac{35}{2}$

$\quad x^2 - \dfrac{11}{15}x + \left(\dfrac{11}{30}\right)^2 = -\dfrac{2}{15} + \dfrac{121}{900}$ $x^2 - \dfrac{17}{2}x + \left(\dfrac{17}{4}\right)^2 = -\dfrac{35}{2} + \dfrac{289}{16}$

$\quad \left(x - \dfrac{11}{30}\right)^2 = \dfrac{1}{900} \quad \Big| \; \sqrt{} \Rightarrow$ $\left(x - \dfrac{17}{4}\right)^2 = \dfrac{9}{16} \quad \Big| \; \sqrt{}$

$\quad x_1 = \dfrac{11}{30} + \dfrac{1}{30} \Rightarrow x_1 = \dfrac{2}{5} \; ; \; x_2 = \dfrac{1}{3}$ $x_1 = 5 \; ; \; x_2 = \dfrac{7}{2}$

$\quad L = \left\{\dfrac{2}{5}; \dfrac{1}{3}\right\}$ $L = \left\{5; \dfrac{7}{2}\right\}$

Lösungen

e) $15x^2 - 31x + 14 = 0 \quad | -14 \quad | :15$

$x^2 - \frac{31}{15}x = -\frac{14}{15}$

$x^2 - \frac{31}{15}x + \left(\frac{31}{30}\right)^2 = -\frac{14}{15} + \frac{961}{900}$

$\left(x - \frac{31}{30}\right)^2 = \frac{121}{900} \quad | \sqrt{}$

$x_1 = \frac{7}{5}\,; \; x_2 = \frac{2}{3} \quad L = \left\{\frac{7}{5}\,; \frac{2}{3}\right\}$

f) $x^2 - 7x = -20$

$x^2 - 7x = -20$

$x^2 - 7x + \frac{7}{2} = -20 + \frac{49}{4}$

$\left(x - \frac{7}{2}\right)^2 = -\frac{31}{4} \quad \Rightarrow \quad L = \{\;\}$

19. a) $x^2 + 2x = 0$
    $x^2 + 2x + 1^2 = 1$
    $(x + 1)^2 = 1 \quad | \sqrt{}$
    $x_1 = 0\,; \; x_2 = -2 \quad \Rightarrow \quad L = \{0\,; -2\}$

    Vergleichen Sie dazu den 3. Spezialfall:
    $x^2 + 2x = 0 \quad \Rightarrow \quad x \cdot (x + 2) = 0$
    $\Rightarrow \quad L = \{0\,; -2\}$

    b) $x^2 + kx - 7x - 8k - 8 = 0 \quad | +8k + 8$
    $x^2 + x \cdot (k - 7) = 8k + 8$
    $x^2 + x \cdot (k - 7) + \left(\frac{k-7}{2}\right)^2 = 8k + 8 + \frac{k^2 - 14k + 49}{4}$
    $\left(x + \frac{k-7}{2}\right)^2 = \frac{k^2 + 18k + 81}{4} \quad | \sqrt{}$
    $\Rightarrow \quad x_1 = 8\,; \; x_2 = -k - 1$
    $L = \{8\,; -k - 1\}$

    c) Faktorzerlegung: $x^2 - 2sx + 2rx - 4rs = 0$
    $\Rightarrow \quad x^2 + x \cdot (2r - 2s) - 4rs = 0$
    $\Rightarrow \quad (x + 2r)(x - 2s) = 0$
    $\Rightarrow \quad L = \{-2r\,; 2s\}$

20. a) Faktorzerlegung:
    $x^2 - sx = 6s^2 \quad \Rightarrow$
    $x^2 - sx - 6s^2 = 0 \quad \Rightarrow$
    $(x - 3s)(x + 2s) = 0 \quad \Rightarrow$
    $L = \{3s\,; -2s\}$

    b) Faktorzerlegung:
    $x^2 - 8sx + 16s^2 = 0 \quad \Rightarrow$
    $(x - 4s)^2 = 0 \quad \Rightarrow$
    $L = \{4s\}$

    c) $x^2 + 2kx + lx + k^2 + kl = 0 \quad | -k^2 - kl$
    $\left[x + \left(\frac{2k+l}{2}\right)\right]^2 = \frac{l^2}{4} \quad |$
    $\Rightarrow \quad x_1 = -k\,; \; x_2 = -\left(\frac{2k+l}{2}\right) - \frac{l}{2} \quad \Rightarrow$
    $L = \{-k\,; -k - l\}$

    d) $x^2 - 5kx \cdot \sqrt{3} - x \cdot \sqrt{3} + 15k = 0 \quad | -15k$
    $\left[x + \left(\frac{-5k \cdot \sqrt{3} - \sqrt{3}}{2}\right)\right]^2 = \frac{3 \cdot (5k-1)^2}{4} \quad | \sqrt{}$
    $\Rightarrow \quad x_1 = 5k \cdot \sqrt{3}\,; \; x_2 = \sqrt{3}$
    $L = \{5k \cdot \sqrt{3}\,; \sqrt{3}\}$

Lösungen

Zu 6: Aufgaben: Gleichungen 3. und 4. Grades

1. a) $x^3 - 7x^2 + 12x = 0 \Rightarrow$
   $x \cdot (x^2 - 7x + 12) = 0 \Rightarrow$
   $x \cdot (x - 3)(x - 4) = 0 \Rightarrow$
   $L = \{0; 3; 4\}$

   b) $x^3 - 9x^2 + 20x = 0 \Rightarrow$
   $x \cdot (x^2 - 9x + 20) = 0 \Rightarrow$
   $x \cdot (x - 4)(x - 5) = 0 \Rightarrow$
   $L = \{0; 4; 5\}$

   c) $2x^3 - 17x^2 + 21x = 0 \Rightarrow$
   $x(2x^2 - 17x + 21) = 0 \Rightarrow$
   $a = 2; b = -17; c = 21 \Rightarrow$
   $L = \left\{0; 7; \dfrac{3}{2}\right\}$

   d) $3x^3 - 8x^2 + 5x = 0 \Rightarrow$
   $x(3x^2 - 8x + 5) = 0 \Rightarrow$
   $a = 3; b = -8; c = 5 \Rightarrow$
   $L = \left\{0; 1; \dfrac{5}{3}\right\}$

2. a) $x^3 - 8x^2 = -16x \quad | \quad +16x \Rightarrow$
   $x \cdot (x - 4)^2 = 0 \Rightarrow L = \{0; 4\}$

   b) $x^3 = 6x^2 - 36x \quad | \quad -6x^2 + 36x \Rightarrow$
   $a = 1; b = -6; c = 36 \Rightarrow$
   $x_{2;3} = \dfrac{-(-6) \pm \sqrt{(-6)^2 - 4 \cdot 1 \cdot 36}}{2 \cdot 1} \notin \mathbb{R} \Rightarrow$
   $L = \{0\}$

   c) $x^3 - x^2 = 0 \Rightarrow$
   $x^2 \cdot (x - 1) = 0 \Rightarrow$
   $L = \{0; 1\}$

   d) $L = \{0; -1; 1\}$

3. a) $2x^3 + 7x^2 = 0 \Rightarrow$
   $x^2 \cdot (2x + 7) = 0 \Rightarrow L = \left\{0; -\dfrac{7}{2}\right\}$

   b) $x^3 - 6x = 0 \Rightarrow$
   $x \cdot (x^2 - 6) = 0 \Rightarrow$
   $L = \{0; \sqrt{6}; -\sqrt{6}\}$

   c) $x^3 - kx^2 - lx^2 + klx = 0 \Rightarrow$
   $x \cdot [x^2 + x \cdot (-k - l) + kl] = 0 \Rightarrow$
   $x \cdot (x - k)(x - l) = 0 \Rightarrow L = \{0; k; l\}$

   d) $x^3 - kx^2 - x^2 + kx = 0 \Rightarrow$
   $x \cdot (x - k)(x - 1) = 0 \Rightarrow L = \{0; k; 1\}$

4. a) $x^4 - 20x^2 + 64 = 0 \Rightarrow$
   $(x^2 - 16)(x^2 - 4) = 0 \Rightarrow$
   $L = \{4; -4; 2; -2\}$

   b) $x^4 = 5x^2 - 4 \quad | \quad -5x^2 + 4 \Rightarrow$
   $(x^2 - 4)(x^2 - 1) = 0 \Rightarrow$
   $L = \{2; -2; 1; -1\}$

   c) $x^4 + 34x^2 + 225 = 0 \Rightarrow$
   $(x^2 + 25)(x^2 + 9) = 0 \Rightarrow$
   $L = \{\ \}$

   d) $x^4 - 5x^2 - 36 = 0 \Rightarrow$
   $(x^2 - 9)(x^2 + 4) = 0 \Rightarrow$
   $L = \{3; -3\}$

5. a) $x^4 - 3x^2 - 4 = 0 \Rightarrow$
   $(x^2 - 4)(x^2 + 1) = 0 \Rightarrow$
   $L = \{2; -2\}$

   b) $x^4 - x^3 = 0 \Rightarrow$
   $x^3 \cdot (x - 1) = 0 \Rightarrow$
   $L = \{0; 1\}$

   c) $x^4 + 16x^2 = 0 \Rightarrow$
   $x^2 \cdot (x^2 + 16) = 0 \Rightarrow$
   $L = \{0\}$

   d) $x^2 \cdot (x^2 - 25) = 0 \Rightarrow$
   $L = \{0; 5; -5\}$

Lösungen

6. a) $x^4 + 2kx^2 + x^2 + 2k = 0$ $\Rightarrow$
   $(x^2 + 2k)(x^2 + 1) = 0$ $\Rightarrow$
   $L = \{\sqrt{-2k}\,;\,-\sqrt{-2k}\}$ für $k \le 0$
   bzw. $L = \{\ \}$ für $k > 0$

   b) $x^4 + 6kx^2 + 2x^2 + 12k = 0$ $\Rightarrow$
   $(x^2 + 2)(x^2 + 6k) = 0$ $\Rightarrow$
   $L = \{\sqrt{-6k}\,;\,-\sqrt{-6k}\}$ für $k \le 0$
   bzw. $L = \{\ \}$ für $k > 0$

   c) $x^4 + k^2x^2 + kx^2 + k^3 = 0$ $\Rightarrow$
   $(x^2 + k^2)(x^2 + k) = 0$ $\Rightarrow$
   $L = \{0\}$ für $k = 0$ bzw.
   $L = \{\ \}$ für $k > 0$ bzw.
   $L = \{\sqrt{-k}\,;\,-\sqrt{-k}\}$ für $k < 0$

7. a) $x^4 + 81 = 0$ $\Rightarrow$
   $L = \{\ \}$

   b) $(x^2 - 9)(x^2 + 9) = 0$ $\Rightarrow$
   $L = \{3\,;\,-3\}$

   c) Sei $y = x^2 \quad |^2 \Rightarrow y^2 = x^4$
   $\Rightarrow 12y^2 - 17y - 5 = 0$
   $\Rightarrow y_{1;2} = \dfrac{-(-17) \pm \sqrt{(-17)^2 - 4 \cdot 12 \cdot (-5)}}{2 \cdot 12}$
   $y_1 = \dfrac{5}{3} \Rightarrow x^2 = \dfrac{5}{3}$;
   $y_2 = -\dfrac{1}{4} \Rightarrow x^2 = -\dfrac{1}{4}$
   $\Rightarrow L = \left\{\sqrt{\dfrac{5}{3}}\,;\,-\sqrt{\dfrac{5}{3}}\right\}$

   d) $5x + 3 \cdot \sqrt{x} - 92 = 0 \quad D = R_0^+$
   Sei $y = \sqrt{x} \quad |^2 \Rightarrow y^2 = x$
   $a = 5$; $b = 3$; $c = -92$ $\Rightarrow$
   $y_{1;2} = \dfrac{-3 \pm \sqrt{3^2 - 4 \cdot 5 \cdot (-92)}}{2 \cdot 5}$ $\Rightarrow$
   $y_1 = 4 \Rightarrow x = 16$; $y_2 = -\dfrac{23}{5}$
   Widerspruch $\Rightarrow L = \{16\}$

8. a) $x = \sqrt{x} \quad D = R_0^+$ $\Rightarrow$
   Sei $y = \sqrt{x} \quad |^2 \Rightarrow y^2 = x$
   $y^2 - y = 0 \Rightarrow y \cdot (y - 1) = 0$ $\Rightarrow$
   $y_1 = 0 \Rightarrow x = 0$; $y_2 = 1 \Rightarrow x = 1$
   $\Rightarrow L = \{0\,;\,1\}$

   b) $\sqrt{x} = \dfrac{x}{\sqrt{x}} \quad D = R^+$
   $\sqrt{x} = \dfrac{x}{\sqrt{x}} \quad |\cdot \sqrt{x}$ $\Rightarrow$
   $x = x \Rightarrow L = D$

Lösungen

Zu 8: Aufgaben: Die Quadratfunktion (Teil 1)

1.

x	-3	$-2,5$	-2	$-1,5$	-1	$-0,5$	0	0,5	1	1,5	2	2,5	3
$y=-x^2$	-9	$-6,25$	-4	$-2,25$	-1	$-0,25$	0	$-0,25$	-1	$-2,25$	-4	$-6,25$	-9

Beachten Sie: $\quad -(-1)^2 = -1 \qquad W = [\,-9\,;\,0\,]$

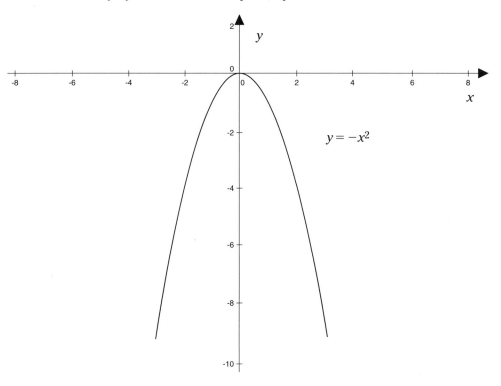

Lösungen

2. a) Scheitelpunktsform: $y = a \cdot (x - x_s)^2 + y_s \quad \wedge \quad a \neq 0 \quad \text{mit } \vec{v} = \begin{pmatrix} x_s \\ y_s \end{pmatrix}$
    $x_s = 8 \implies y_s = 0 \quad y = -(x-8)^2$

    b) $\vec{v} = \begin{pmatrix} x_s \\ y_s \end{pmatrix} \quad x_s = 0 \quad y_s = 8 \implies y = -(x-0)^2 + 8 \quad y = -x^2 + 8$
    Siehe auch den 3. Spezialfall.

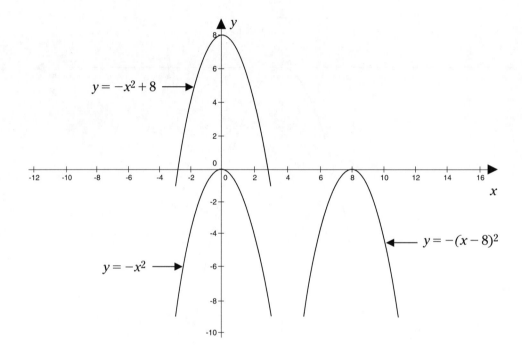

116

3.

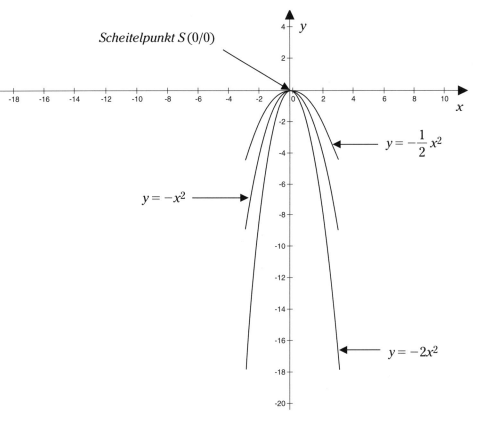

Lösungen

4.

$y = x^2 + 9$

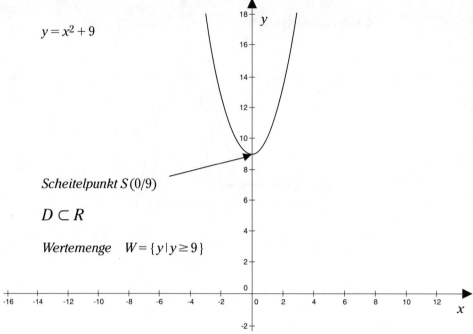

Scheitelpunkt $S(0/9)$

$D \subset R$

Wertemenge $W = \{y \mid y \geq 9\}$

5.

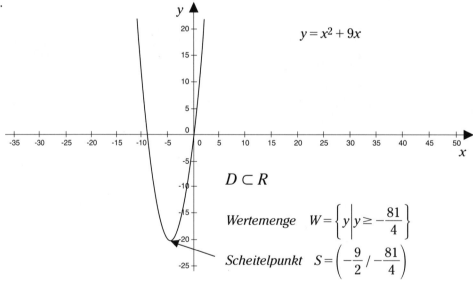

$y = x^2 + 9x$

$D \subset R$

Wertemenge $W = \left\{y \mid y \geq -\dfrac{81}{4}\right\}$

Scheitelpunkt $S = \left(-\dfrac{9}{2} \,/\, -\dfrac{81}{4}\right)$

Lösungen

6. a) $y = x^2 - 6x + 5 \Rightarrow y = (x-3)^2 - 4 \Rightarrow S(3/-4)$
   $a = 1 > 0 \Rightarrow$ Parabel öffnet nach oben $W = \{y | y \geq -4\}$

   b) $y = -x^2 - 6x + 5 \Rightarrow y = -(x+3)^2 + 14 \Rightarrow S(-3/14)$
   $a = -1 < 0 \Rightarrow$ Parabel öffnet nach unten $W = \{y | y \leq 14\}$

   c) $y = \frac{1}{2}x^2 - 6x \Rightarrow y = \frac{1}{2} \cdot (x-6)^2 - 18 \Rightarrow S(6/-18)$
   $a = \frac{1}{2} > 0 \Rightarrow$ Parabel öffnet nach oben $W = \{y | y \geq -18\}$

   d) $y = \frac{1}{7}x^2 - 6x + 2 \Rightarrow y = \frac{1}{7} \cdot (x-21)^2 - 61 \Rightarrow S(21/-61)$
   $a = \frac{1}{7} > 0 \Rightarrow$ Parabel öffnet nach oben $W = \{y | y \geq -61\}$

   e) $y = -\frac{7}{2}x^2 - 6x + \frac{9}{5} \Rightarrow y = -\frac{7}{2} \cdot \left(x + \frac{6}{7}\right)^2 + \frac{153}{35} \Rightarrow S\left(-\frac{6}{7}/\frac{153}{35}\right)$
   $a = -\frac{7}{2} < 0 \Rightarrow$ Parabel öffnet nach unten $W = \left\{y \middle| y \leq \frac{153}{35}\right\}$

   f) $y = \frac{1}{2}x^2 - \frac{3}{10}x \Rightarrow y = \frac{1}{2} \cdot \left(x - \frac{3}{10}\right)^2 - \frac{9}{200} \Rightarrow S\left(\frac{3}{10}/-\frac{9}{200}\right)$
   $a = \frac{1}{2} > 0 \Rightarrow$ Parabel öffnet nach oben $W = \left\{y \middle| y \geq -\frac{9}{200}\right\}$

7. $y = f(x) = x^2 - x - 6 \quad f(1) = 1^2 - 1 - 6 \quad f(1) = -6 \neq 4 \Rightarrow$ P liegt nicht auf der Parabel.

8. $y = f(x) - x^2 - 2x + 6 \quad y_P = f(-1) = -(-1)^2 - 2 \cdot (-1) + 6 \Rightarrow y_P = 7$

9. $y = f(x) = -x^2 + 3x + kx + 6 + k \quad f(3) = -9 + 9 + 3k + 6 + k = 10 \Rightarrow k = 1$

10. $y = f(x) = x^2 - 6x + kx + m + 2 \quad y = ax^2 + bx + c \quad a = 1 \ ; \ b = -6 + k \ ; \ c = m + 2$
    Scheitelpunktform: $y = (x-3)^2 + 5 \Rightarrow y = x^2 - 6x + 14$
    Koeffizientenvergleich: $a = 1 \quad b = -6 \quad c = 14 \Rightarrow$
    $b = -6 + k = -6 \Rightarrow k = 0 \ ; \ c = m + 2 = 14 \Rightarrow m = 12$

11. Verschiebt man die Parabel $y = x^2$ mit dem Vektor $\vec{v}_1 = \begin{pmatrix} 15 \\ -5 \end{pmatrix}$, so erhält man die Parabel in der Scheitelpunktsform $y = (x-15)^2 - 5 \Leftrightarrow y = x^2 - 30x + 220$. Verschiebt man die Parabel $y = x^2$ mit dem Vektor $\vec{v}_2 = \begin{pmatrix} -4 \\ -20 \end{pmatrix}$, so erhält man die Parabel in der Scheitelpunktsform $y = (x+4)^2 - 20 \Leftrightarrow y = x^2 + 8x - 4$.

    Für unsere Aufgabe gilt dann für den resultierenden Vektor $\vec{v}_R = \vec{v}_2 - \vec{v}_1$ (siehe Bild):

Lösungen

$\vec{v_1} = \begin{pmatrix} 15 \\ -5 \end{pmatrix}$ $\vec{v_2} = \begin{pmatrix} -4 \\ -20 \end{pmatrix}$

$\vec{v_R} = \vec{v_2} - \vec{v_1}$

$\vec{v_R} = \begin{pmatrix} -19 \\ -15 \end{pmatrix}$

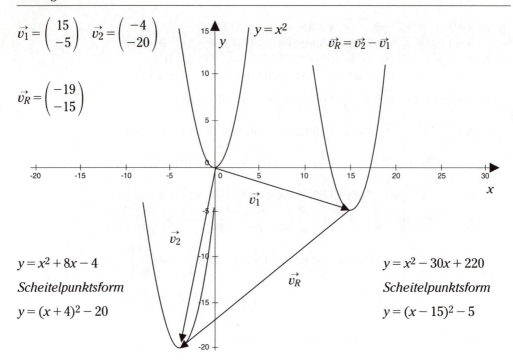

$y = x^2 + 8x - 4$

Scheitelpunktsform

$y = (x + 4)^2 - 20$

$y = x^2 - 30x + 220$

Scheitelpunktsform

$y = (x - 15)^2 - 5$

12. $k = \dfrac{1}{a} \wedge a ; k \neq 0 \Rightarrow a = \dfrac{1}{k} ; a = \dfrac{3}{2} \Rightarrow y = ax^2 \Rightarrow y = \dfrac{3}{2}x^2$

13. Scheitelpunktsform: $y = a \cdot (x - x_s)^2 + y_s \wedge a \neq 0$ $x_s = -1 ; y_s = 4$
    $6 = a \cdot (0 + 1)^2 + 4 \Rightarrow a = 2 \Rightarrow y = 2 \cdot (x + 1)^2 + 4 \Rightarrow y = 2x^2 + 4x + 6$
    $a = 2$ $b = 4$ $c = 6$

14. Einsetzen der Koordinaten in die Funktion ergibt:
    $f(0) = c = -8 \Rightarrow y = f(x) = x^2 + bx - 8$
    $f(-1) = 1 - b - 8 = -12 \Rightarrow b = 5 \Rightarrow y = x^2 + 5x - 8$
    $a = 1$ $b = 5$ $c = -8$

15. $f(a + 2) = (a + 2)^2 + 6 \cdot (a + 2) - 3 = a^2 + 10a + 13 \Rightarrow$
    $a^2 + 10a + 13 = a^2 + 10a + 1 \Rightarrow 13 = 1 \leftarrow$ Widerspruch
    Der Punkt $P(a + 2/a^2 + 10a + 1)$ kann nicht auf der Funktion $y = x^2 + 6x - 3$ liegen.

16. Die Abbildung erfolgt zuerst durch die zentrische Streckung mit dem Streckzentrum
    $Z(0/0)$ und dem Streckfaktor $k = -\dfrac{1}{2}$. Dann erhalten wir die Funktion $y = -2x^2$.
    $y = -2x^2 - 4x + 3 \Rightarrow$ Scheitelpunktsform $y = -2 \cdot (x + 1)^2 + 5$
    Dann erfolgt eine Verschiebung mit dem Verschiebevektor $\vec{v} = \begin{pmatrix} x_s \\ y_s \end{pmatrix} = \begin{pmatrix} -1 \\ 5 \end{pmatrix}$, die die
    Funktion $y = -2x^2$ in die Funktion $y = -2x^2 - 4x + 3$ abbildet.

Zu 9.5: Aufgaben: Die Quadratfunktion (Teil 2)

1. Die Funktion $y = x^2 - 10x + 16$ wird umgewandelt in $y = (x-5)^2 - 9$.

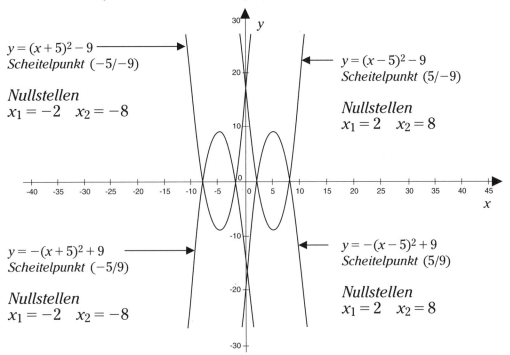

$y = (x+5)^2 - 9$
Scheitelpunkt $(-5/-9)$

Nullstellen
$x_1 = -2 \quad x_2 = -8$

$y = (x-5)^2 - 9$
Scheitelpunkt $(5/-9)$

Nullstellen
$x_1 = 2 \quad x_2 = 8$

$y = -(x+5)^2 + 9$
Scheitelpunkt $(-5/9)$

Nullstellen
$x_1 = -2 \quad x_2 = -8$

$y = -(x-5)^2 + 9$
Scheitelpunkt $(5/9)$

Nullstellen
$x_1 = 2 \quad x_2 = 8$

2. $-x^2 - a = 0 \quad \Rightarrow \quad x_{1;2} = \pm\sqrt{-a} \quad \Rightarrow$
   zwei Nullstellen für $a < 0$;
   eine Nullstelle für $a = 0$;
   keine Nullstelle für $a > 0$

Lösungen

3.

$y = x^2 - 4x + 3$

Scheitelpunkt $(2/-1)$

Nullstellen $x^2 - 4x + 3 = 0 \Rightarrow$
$(x-3)(x-1) = 0 \Rightarrow$
$x_1 = 3 \quad x_2 = 1$

$y = x^2 - x - 6$

Scheitelpunkt $\left(\dfrac{1}{2} / -\dfrac{25}{4}\right)$

Nullstellen $x^2 - x - 6 = 0 \Rightarrow$
$(x-3)(x+2) = 0 \Rightarrow x_1 = 3 \quad x_2 = -2$

Berechnung des Schnittpunktes

$x^2 - x - 6 = x^2 - 4x + 3 \Rightarrow$
$3x - 9 = 0 \Rightarrow x = 3$

Einsetzen in eine Parabelfunktion ergibt: $y = 0$

Schnittpunkt $(3/0)$

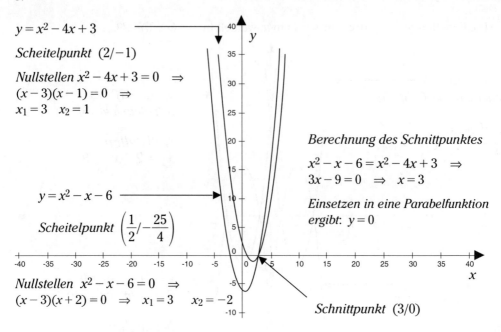

4.

Schnittpunkte
$(2/-5) \quad (8/7)$

$y = 2x - 9$

Nullstelle
$2x - 9 = 0 \Rightarrow x = \dfrac{9}{2}$

$y = x^2 - 8x + 7$

Berechnung der Schnittpunkte

$x^2 - 8x + 7 = 2x - 9 \Rightarrow$
$x^2 - 10x + 16 = 0 \Rightarrow$
$(x-2)(x-8) = 0 \Rightarrow x_1 = 2 \quad x_2 = 8$

Einsetzen in $y = 2x - 9 \Rightarrow$
$y_1 = -5 \quad y_2 = 7$

Nullstellen $x^2 - 8x + 7 = 0 \Rightarrow$
$(x-1)(x-7) = 0 \Rightarrow x_1 = 1 \quad x_2 = 7$

Scheitelpunkt $(4/-9)$

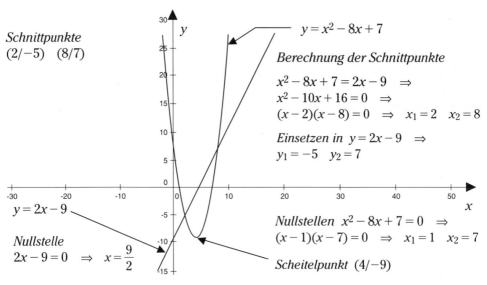

Lösungen

5.

Die Gerade ist eine **Tangente** an die Quadratfunktion.

Schnittpunkt (2/16)

$y = 4x + 8$

Nullstelle
$4x + 8 = 0 \Rightarrow x = -2$

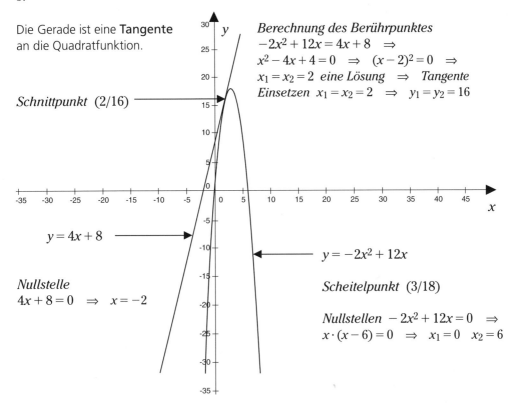

Berechnung des Berührpunktes
$-2x^2 + 12x = 4x + 8 \Rightarrow$
$x^2 - 4x + 4 = 0 \Rightarrow (x-2)^2 = 0 \Rightarrow$
$x_1 = x_2 = 2$ *eine Lösung* $\Rightarrow$ *Tangente*
Einsetzen $x_1 = x_2 = 2 \Rightarrow y_1 = y_2 = 16$

$y = -2x^2 + 12x$

Scheitelpunkt (3/18)

Nullstellen $-2x^2 + 12x = 0 \Rightarrow$
$x \cdot (x - 6) = 0 \Rightarrow x_1 = 0 \quad x_2 = 6$

Lösungen

6. Die Graphen der Funktionen sind in dem nach folgenden Bild dargestellt.
   a) $y = x^2 - 20x + 108 \quad y = (x - 10)^2 + 8$
   $a = 1 > 0 \quad W = \{y | y \geq 8\} \quad S(10/8)$
   keine Nullstellen

   b) $y = x^2 - 8x + 16 \quad y = (x - 4)^2$
   $a = 1 > 0 \quad W = \{y | y \geq 0\} \quad S(4/0)$
   eine Nullstelle: $x_{1;2} = 4$

   c) $y = -x^2 - 8x - 14 \quad y = -(x + 4)^2 + 2$
   $a = -1 < 0 \quad W = \{y | y \leq 2\} \quad S(-4/2)$
   zwei Nullstellen:
   $x_1 = -4 + \sqrt{2} \; ; \; x_2 = -4 - \sqrt{2}$

   d) $y = x^2 + 20x + 98 \quad y = (x + 10)^2 - 2$
   $a = 1 > 0 \quad W = \{y | y \geq -2\} \quad S(-10/-2)$
   zwei Nullstellen:
   $x_1 = -10 + \sqrt{2} \; ; \; x_2 = -10 - \sqrt{2}$

$D > 0 \Rightarrow$ Zwei Nullstellen

$D = 0 \Rightarrow$ Eine Nullstelle

$D < 0 \Rightarrow$ Keine Nullstelle

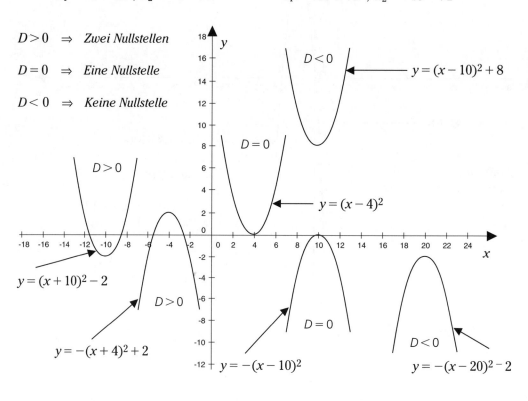

Lösungen

Zu 10.3 Aufgaben: Die quadratische Ungleichung

1. a); b); c); d)

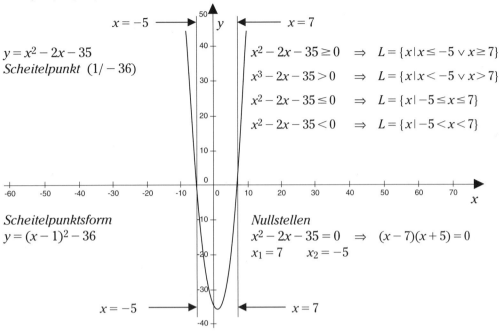

$y = x^2 - 2x - 35$
Scheitelpunkt $(1/-36)$

Scheitelpunktsform
$y = (x - 1)^2 - 36$

$x^2 - 2x - 35 \geq 0 \Rightarrow L = \{x \mid x \leq -5 \vee x \geq 7\}$
$x^3 - 2x - 35 > 0 \Rightarrow L = \{x \mid x < -5 \vee x > 7\}$
$x^2 - 2x - 35 \leq 0 \Rightarrow L = \{x \mid -5 \leq x \leq 7\}$
$x^2 - 2x - 35 < 0 \Rightarrow L = \{x \mid -5 < x < 7\}$

Nullstellen
$x^2 - 2x - 35 = 0 \Rightarrow (x - 7)(x + 5) = 0$
$x_1 = 7 \quad x_2 = -5$

2. a); b); c); d)

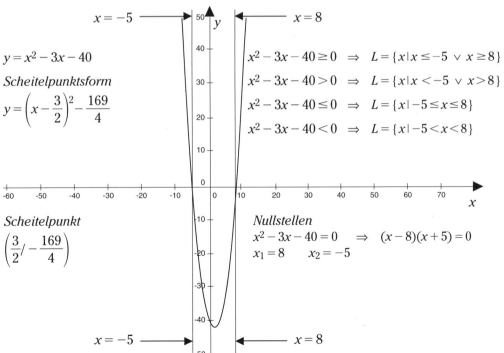

$y = x^2 - 3x - 40$
Scheitelpunktsform
$y = \left(x - \dfrac{3}{2}\right)^2 - \dfrac{169}{4}$

Scheitelpunkt
$\left(\dfrac{3}{2} \Big/ -\dfrac{169}{4}\right)$

$x^2 - 3x - 40 \geq 0 \Rightarrow L = \{x \mid x \leq -5 \vee x \geq 8\}$
$x^2 - 3x - 40 > 0 \Rightarrow L = \{x \mid x < -5 \vee x > 8\}$
$x^2 - 3x - 40 \leq 0 \Rightarrow L = \{x \mid -5 \leq x \leq 8\}$
$x^2 - 3x - 40 < 0 \Rightarrow L = \{x \mid -5 < x < 8\}$

Nullstellen
$x^2 - 3x - 40 = 0 \Rightarrow (x - 8)(x + 5) = 0$
$x_1 = 8 \quad x_2 = -5$

Lösungen

3. a); b); c); d)

$x^2 - 10x + 25 \geq 0 \Rightarrow L = R$

$x^2 - 10x + 25 > 0 \Rightarrow L = R \setminus \{5\}$

$x^2 - 10x + 25 \leq 0 \Rightarrow L = \{5\}$

$x^2 - 10x + 25 < 0 \Rightarrow L = \{\ \}$

Nullstellen

$x^2 - 10x + 25 = 0 \Rightarrow (x-5)^2 = 0$

$x_1 = x_2 = 5$

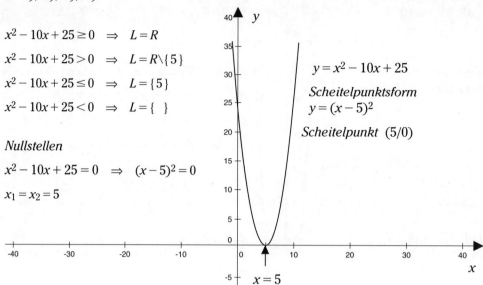

$y = x^2 - 10x + 25$

Scheitelpunktsform
$y = (x-5)^2$

Scheitelpunkt (5/0)

$x = 5$

4. Es gilt: $ax^2 + bx + c = 0 \wedge a \neq 0 \Rightarrow x_{1;2} = \dfrac{-b \pm \sqrt{b^2 - 4ac}}{2a}$

   a) $x^2 + 4x + k = 0 \Rightarrow x_{1;2} = -2 \pm \sqrt{4-k}$

   zwei reelle Lösungen für: $k < 4$

   eine reelle Lösung für: $k = 4$

   keine reelle Lösung für: $k > 4$

   b) $x^2 + kx - 2x - 2k = 0$ Koeffizientenvergleich: $a = 1$; $b = k - 2$; $c = -2k$

   $x_{1;2} = \dfrac{-k + 2 \pm \sqrt{(k+2)^2}}{2} \Rightarrow$

   zwei reelle Lösungen für $k \in R \setminus \{-2\}$

   eine reelle Lösung für $k = -2$

Sachregister

Abbildung, identische 66
Assoziativgesetz 16, 17
Ausklammern 51

Basis 6
Betrag, absoluter 36

Diskriminante 45, 53 f.
Distributivgesetz 16

Ergänzung, quadratische 44, 47, 51, 71
Exponent 6

Faktorenzerlegung 42, 56
Form, reduzierte 53
Formvariable 55
Funktion 62

Gerade 84
Gleichung 3. Grades 59
Gleichung 4. Grades 59
Gleichung, quadratische 50

Halbebene 91, 94

Koeffizientenvergleich 29 ff., 45 f., 51, 71

Maximum 64 f., 67
Minimum 64 f., 67

Normalparabel 63
Nullstelle 85

Ordinate 83

Parabel 63
periodisch 35
Potenz 6
Produkt, doppeltes 11, 21 ff.
Punktspiegelung 66

Quadratfunktion 62, 81
Quadratwurzel 35

Radikand 35
radizieren 37 f.

Satz von Vieta 55 f.
Scheitelpunkt 64, 67
Scheitelpunktbestimmung 71
Scheitelpunktsform 68, 76
Schnitt zweier Quadratfunktionen 83
Spiegelung 81
Streckfaktor 65 f., 68
Streckung, zentrische 65 f., 68
Summenzerlegung 29

Ungleichung, quadratische 91
unter die Wurzel ziehen 37

Verschiebevektor 67
Verschiebung 67

Zahl, irrationale 36
Zahl, reele 36